U0306305

崔光欣　王春梅　路　远　主编

甘南州高寒草甸
常见野生植物
·识别手册·

中国农业科学技术出版社

图书在版编目（CIP）数据

甘南州高寒草甸常见野生植物识别手册/崔光欣，王春梅，路远主编.—北京：中国农业科学技术出版社，2020.1

ISBN 978-7-5116-4561-6

Ⅰ.①甘… Ⅱ.①崔…②王…③路… Ⅲ.①寒冷地区—草甸—野生植物—甘南藏族自治州—手册 Ⅳ.①Q948.524.22-62

中国版本图书馆CIP数据核字（2019）第281078号

责任编辑　张国锋
责任校对　李向荣
出版发行　中国农业科学技术出版社
　　　　　北京市中关村南大街12号　　邮编：100081
电　　话　(010)82106636（编辑室）；(010)82109702(发行部)；
网　　址　http://www.castp.cn
经 销 商　各地新华书店
印 刷 者　北京东方宝隆印刷有限公司
开　　本　889mm×1194mm 1/32
印　　张　9.75
字　　数　301千字
版　　次　2020年1月第1版　2020年1月第1次印刷
定　　价　128.00元

序

　　甘南藏族自治州（全书简称甘南州或甘南），位于青藏高原东北部边缘与黄土高原秦岭山地过渡地带，是黄河上游重要的水源补给区，被誉为中华水塔，是黄河、长江上游的重要生态屏障。全州总面积4.5万 km^2，其中天然草原面积4150万亩，草场可分为7个大类29个型，多样的气候类型造就了甘南丰富的植物资源，使甘南成为天然的植物种质资源基因库。

　　植物的识别对于种质资源和生态演替研究具有重要意义。面对丰富多样的植物种类，植物的识别并非一蹴而就，需要经验的积累和丰富的专业知识。但不是人人都有机会跟随专家外出，也不是人人都能抱着植物志一类的专业书去一一核对辨认；更为实用的是需要一本既图文并茂又方便携带的手册，能包含野外实际拍摄的植物照片和植物特征的描述，既可以按图索骥，又可按文字描述详加比对。

　　崔光欣博士等编写的《甘南州高寒草甸常见野生植物识别手册》出版在即，邀请我作序，本人浏览植物图册，欣然命笔，该书所涉及的资源和物种，我都熟知，采集植物和拍照的地形地貌亦历历在目。历时3年，作者们先后共采集标本近万份，拍照万余张，经过筛选、鉴定、定名为《甘南州高寒草甸常见野生植物识别手册》。书中主选了甘南州常见野生植物224种，分别介绍了中文名、学名（拉丁名）、科名、属名、英文名、拼音、别名、植物形态、生境分布和价值，并结合实际识别经验对其主要识别特征提取凝练，对植物不同生育期、不同部位进行全方位的图片展示，内容详实，图文并茂，一目了然，值得一读。

该手册深入浅出，一书在手，方便查对，是一部研究甘南乃至青藏高原东北缘草原的多样性、草原保育、草原健康状况评价、草牧业利用与管理的工具书，可供相关的草地畜牧业、草地生态环境问题的科研人员、高校师生参考阅读，同时植物爱好者、摄影爱好者、爱旅游人士均可藉此书翻阅、查找、比对和识别。

该书具有较为独特的应用价值，谨向植物爱好者推荐并向作者表示衷心的敬意。

徐长林

2019年10月1日

前言

　　甘南草原位于甘肃省西南部，地处青藏高原东北部边缘，东南与黄土高原相接，以高寒阴湿的高寒草甸为主。甘南草原海拔多在3 000 m以上，年均降雨600～810 mm，年平均气温4℃，主要分布在玛曲、夏河、碌曲、合作四县市，总面积约4.5万 km²，是黄河首曲最大的一块生态湿地，也是长江、黄河的水源涵养区，在涵养补给水源、调节气候、保持水土及维护生物多样性等方面具有十分重要的特殊功能和生态地位，被誉为"黄河蓄水池""中华水塔""中国气候环境变化启动区"等。多年来，甘南草原作为重要的生产资料，为畜牧业提供了大量的牧草资源和畜产品，但同时也面临着草地退化、物种多样化减少、草原生态恶化等问题。我们需要重新审视草原在我国生态文明建设和经济社会发展大局中的战略地位。草，是草原的根本；每一株、每一种草，都承载着草原的未来。如何保护和利用好草原，是我们这一代草业人的职责和挑战。小草构建群落，群落构建系统，在草原生态系统中，草具有重要的地位和作用，学者们也比以往任何时候都更加重视草原野生植物。本书针对以上问题对甘南高寒草甸现有的主要植物种类进行了调查，先后采集标本，拍照万余张，经过筛选、鉴定，定名为《甘南州高寒草甸常见野生植物识别手册》。期望对现存植物资源进行有效评估，为草原生态退化和修复研究提供参考。

　　本手册共收录甘南高寒草甸常见野生植物42科127属共224种植物，主要以菊科和禾本科为主，分别有31种和31种；其次为蔷薇科、毛茛科、龙胆科、豆科和莎草科，分别有17种、16种、15种、14种、9种。本书对每种植物的形态、生境、海拔分布和价值进行了描述。此外，本书还针对草原生境复杂、不同生育期辨认困难等问题，实地拍摄搜集了植物不同器官和不同生育期的辨认图；器官主要包括花、叶、果实、根系，生育期主要包括幼苗期、开花期、结实期、枯黄期，并配以典型的生境图以及某些植物种的非常规分类识别特征。同时，将典型的植物分类术语以彩图描绘进行解释，行文中还加入了草原工作者们在实地辨认过程中常用的一些"形象化"的描述，增加了本书的可读性和实用性。期望本书不仅能为草原工作者们提供一些参考，更能为非专业背景读者的草原植物识别提供帮助，成为一本实用的"口袋书"。

　　本书在编写过程中参考了众多学者关于植物调查和识别的相关研究成果及文献，因篇幅原因文中未能一一列出，敬请谅解！由于编者水平有限，编审时间仓促，书中定会存在不少缺点和错误，敬请各位同仁及广大读者朋友提出宝贵意见，以便今后作进一步修改、补充和完善。

编者

2019年11月

目录

一、根

　　根通常是植物体向土中伸长的部分，用以支持植物体和从土壤中吸取水分和养料的器官，一般不生芽，绝不生叶和花。

　　1. 依其发生情况分类

　　（1）主根　自种子萌发出的最初的根，在有些植物是一根圆柱状的主轴，这个主轴就是主根。

　　（2）侧根　是由主根分叉出来的分枝。

　　（3）纤维根　是由主根或侧根上生出的小分枝。

　　（4）直根或单根　倘侧根小而且少，主根特大时则叫直根，其几乎不分枝的则叫单根，如胡萝卜等。单根有多种形状，如圆锥状、块状、纺锤状、芜菁状等。

　　（5）须根　种子萌发不久，主根萎缩而发生许多与主根难于区别的成簇的根，就叫须根，如禾草。有时须根可在其中部相隔一定距离相继形成串球状的膨大，如蔷薇科合叶子属的一些种；也可以在其中部具一块根状的膨大，如蔷薇科的翻白草等，也有膨大成纺锤形的，如萱草等；还有须根和块根同时存在的，如一些兰科植物。

　　2. 依其生存时间分类

　　（1）一年生根　在一年内，从植物种子萌发至开花

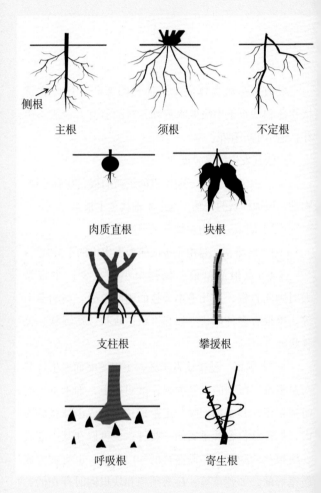

侧根

主根　　　　　须根　　　　　不定根

肉质直根　　　　　块根

支柱根　　　　　攀援根

呼吸根　　　　　寄生根

结果后即枯死的根。

（2）二年生根　从第一年植物种子萌发越冬至翌年开花结果后即枯死的根。

（3）多年生根　是指生存三年以上的根。一些多年生草本，其地上部分冬季枯死，地下部分越冬，次年春再发芽生长。

3. 依其生长场所分类

（1）地生根　即生于地下的根。

（2）水生根　如水生植物的根，睡莲和水车前等。

（3）气生根　生于地面上的根，如附生植物的根。如石斛和其它热带兰等。

（4）寄生根　伸入寄主植物组织中的根，如寄生植物的根，如菟丝子等。

二、茎

茎是叶、花等器官着生的轴。茎通常在叶腋生芽，由芽发生实的分枝，即枝条和小枝条。茎或枝上着生叶的部位叫节，各节之间的距离叫节间。叶与其着生的茎所形成的夹角叫叶腋。

1. 植物依其茎木质化程度分类

植物的茎显著木质化而木质部极发达者，叫木本植物，不甚木质化而为草质者，叫草本植物。

2. 依生存期的长短和生长状态分类

（1）乔木　是多年生直立、木质部极发达、具有单个树干,且高达5m以上的植物。

乔木状是一种中间类型,指状如乔木的灌木。

(2)灌木　高5m以下的木本植物,有时在近基部处发出数个干。

灌木状是一种中间类型,指状如灌木的植物。

(3)小灌木　指高在1m以下的灌木。

(4)半灌木(亚灌木)　在木本与草本之间没有明显的区别,仅在基部木质化的植物。

半灌木状(亚灌木状)是或多或少带灌木状的植物。

木本植物,其叶在冬季或旱季脱落者叫落叶乔木、落叶灌木等等;反之,在冬季或旱季不落叶者叫常绿乔木、常绿灌木等等。

(5)草本　是地上部分不木质化,开花结果后即行枯死的植物。

草本植物依其生存期的长短分类如下:

① 一年生草本。当年萌发,当年开花结实后,整个植株枯死。

② 二年生草本。当年萌发,次年开花结实后,整个植株枯死。

③ 多年生草本。连续生存三年或更长的时间,开花结实后,地上部分枯死,地下部分继续生存。如地上部分保存其绿叶越冬者,特称为多年生常绿草。

一般植物的茎都出现在地面上,但有些植物,其茎完全隐藏在地下,地面上只看到其叶和花梗,特称为无茎植物。

3. 藤本

藤本是一切具有长而细弱不能直立,只能依附其

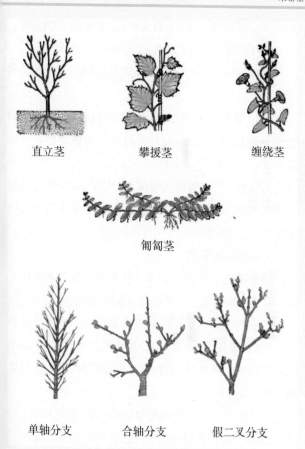

直立茎　　　　攀援茎　　　　缠绕茎

匍匐茎

单轴分支　　　合轴分支　　　假二叉分支

他植物或有其他物体支持向上攀升的植物。藤本植物按其质地可分为：本质藤本（木本藤）；草质藤本（草本藤）。

4. 茎依其生长方向分类

（1）直立的　茎垂直于地面，为最常见的茎。

（2）斜升的　茎最初偏斜，后变直立，如山麻黄、鹅不食草等。

（3）斜倚的　茎基部斜倚地上，如扁蓄、马齿苋等。

（4）平卧的　茎平卧地上，如地锦草、蒺藜等。

（5）匍匐的　茎平卧地上，但节上生根，如委陵菜属等。

（6）攀援的　用卷须、小根、吸盘或其它特有的卷附器官攀登于它物上，具有这种茎的植物称为攀援藤本。

（7）缠绕的　螺旋状缠绕于它物上，缠绕的方向有左旋的，如紫藤，有右旋的，如北五味子，具有这种茎的植物称为缠绕藤本。

5. 植物的地下茎

植物的地下茎是变态茎，外表上与地上茎显然不同，且常与根混淆，大概说来，有以下4种。

（1）根状茎　是一延长直立或匍匐的多年生地下茎，有的极细长，有节和节间，并有鳞片叶，如一些多年生禾草类和蕨类植物；根状茎也有粗肥而肉质的，如莲藕、姜。

（2）块茎　是一短而肥厚的地下茎，如马铃薯（土豆）。某些兰科植物的假鳞茎，也是块茎的一种。

（3）球茎　是一短而肥厚、肉质的地下茎，下部有无数的根，外面有干膜质的鳞片，芽即藏于鳞片内，如荸荠等。

（4）鳞茎　是一球形体或扁球形体，由肥厚的鳞片构成，基部的中央有一小的底盘，即退化的茎。又可分为无被鳞茎和有被鳞茎，前者的鳞片狭而呈覆瓦状排列，如百合；后面的鳞片宽阔，外面的鳞片完全包卷内面的鳞片（外面鳞片常成干膜质），如洋葱头、蒜头、水仙

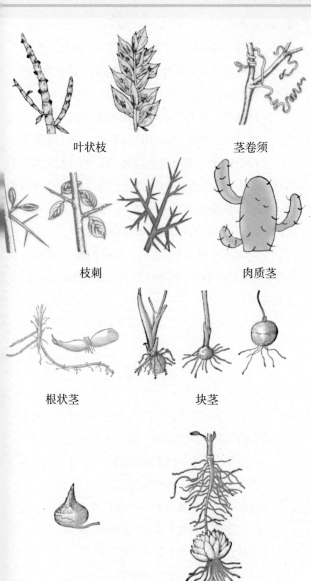

叶状枝　　　　　　　茎卷须

枝刺　　　　　　　肉质茎

根状茎　　　　　　块茎

球茎　　　　　　鳞茎

花、郁金香等。

6. 还有一些植物的茎完全变成了另一种器官

（1）叶状茎或叶状枝　茎或枝扁化，绿色如叶状，行使叶的作用，如扁竹蓼、仙人掌、天门冬等。

（2）棘刺　即枝变成硬针刺，如皂角树、梨等。

（3）卷须　即枝变成卷须，如西瓜、南瓜、葡萄等。

（4）纤匍枝　是从叶的叶腋中发生的无叶细长的伏地枝，其顶端生根并形成莲花状叶丛而形成新的植株，这新的植株成为独立个体后，纤匍枝的节间即死去，这是其与匍匐茎的区别，如草莓。

（5）地下纤匍茎（或枝）　是地下横卧的枝条，生长很快，末端具有芽、鳞茎或块茎，如马铃薯（土豆），或具有鳞茎。

三、芽

芽是尚未发出的枝、叶、花，可分为：

（1）顶芽　是生于枝条顶端的芽。

（2）腋芽　是生于叶腋内的芽。

（3）单芽　是单独生于一处的芽。

（4）重叠芽　指数个芽上下重叠在一处。

（5）林立芽　指数个芽并立在一处。

（6）叶芽　是指发出叶子的芽。

（7）花芽　是仅发生花或花序的芽。

（8）混合芽　是同时发生叶和花或花序的芽。

(9) 鳞芽　是有数片芽鳞覆盖的芽。

(10) 裸芽　是没有鳞片覆盖的芽。

(11) 不定芽　不是从叶腋或枝顶发出，而是从叶子发出的芽，如秋海棠等；或从根上发出，如甘薯等；或从树干发出，如柳树等。

四、叶

1. 叶的结构

叶是植物制造营养和蒸发水分的器官，一枚完全叶是由叶片、叶柄和一对托叶组成。叶片是叶扁阔的部分。叶柄是叶着生于茎（或枝）上的连结部分。托叶是叶柄基部两侧的附属物，形状多种，有呈叶状的，有呈鳞片状的，有呈鞘状的，也有变成刺的。叶接近茎（或枝）方向的一端，叫基部，其相对的一端，叫顶端。

叶并不一定都具有这3个部分，有缺乏叶柄的，叫叶无柄；有缺乏托叶的，叫叶无托叶；也有缺乏叶片而其叶柄扁化呈叶片状的，叫叶状叶柄，如相思树。

没有叶柄的叶，倘基部抱茎的，叫抱茎叶；叶基部深凹入，其两侧裂片相合生而包围着茎部，好像茎贯穿在叶片中的，叫穿茎叶；叶片基部下延于茎上而成棱状或翼状的叫下延；叶片基部或叶柄形成圆筒状而包围茎的部分叫叶鞘；蓼科植物的叶鞘是托叶形成的，叫托叶鞘。叶柄不着生在叶片基底边缘而是生在叶片背面时，叫叶盾状。

着生于茎上或枝上的叶叫茎生叶；植物的茎极度缩短，节间极不明显，其叶恰如从根上生出，叫基生叶；基生叶集中生成一莲花状，则叫叶莲花状丛生，这个叶丛叫莲花状叶丛。

2. 叶序

是指叶在茎或枝上的排列方式，在茎或枝的各节上的相对面着生一对的叶，叫对生叶；倘对生叶在上一节上的一对向左右开展，在下一节上向前后展开，而上下成十字交叉，叫叶交互对生；倘3个或3个以上的叶有规则地排列于同一节上，叫叶轮生，倘2个或2个以上的叶着生在节间极度缩短的侧生短枝的顶端，叫叶簇生；倘一个着生于每一节的一面，而其上或其下的一个着生于节的另一面，叫叶互生；倘互生叶在各节上各向左右展开成一个平面，则叫叶二列互生；倘叶由于其叶柄扭转等原因，在茎（或枝）上都偏向一侧，则叫叶偏向一侧；倘互生叶着生的茎的各节间极不发达，而使叶集生在茎的基部而各叶基依次套抱，则叫叶套折，如鸢尾等。

3. 脉序

是指叶脉分布的方式。叶片是叶脉和叶肉构成的。位于叶片中央较粗壮的一条叫中脉或中肋或主脉，在中脉两侧的第一次分出的脉叫侧脉，联结各侧脉间的次级脉叫小脉。侧脉与中脉平行达叶顶或自中脉分出走向叶缘而没有明显的小脉联结的，这种叶就叫具平行脉。叶脉数回分枝而有小脉互相联结成网的，叫具网状脉。侧脉由中脉分出排成羽毛状的，叫

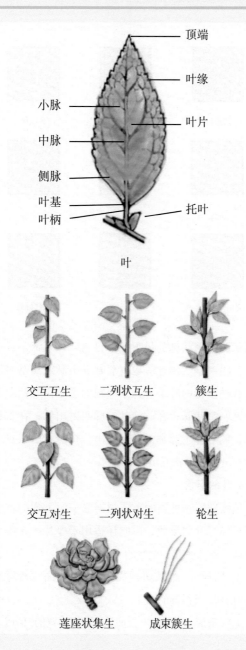

顶端

叶缘

小脉

叶片

中脉

侧脉

叶基

叶柄

托叶

叶

交互互生

二列状互生

簇生

交互对生

二列状对生

轮生

莲座状集生

成束簇生

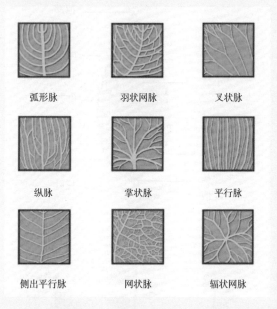

弧形脉　　　　　羽状网脉　　　　　叉状脉

纵脉　　　　　掌状脉　　　　　平行脉

侧出平行脉　　　　网状脉　　　　辐状网脉

具羽状脉，羽状脉的最下一对自离叶片基部不远处生出的，叫离基三出脉。也有离基五出脉或离基多出脉的。有些植物的叶子有几条等粗的主脉由叶柄顶部射出，这叫掌状脉；在盾状叶的脉叫射出脉；在掌状叶脉中，倘全部主脉都由基部发出，按照脉的数目，有掌状三出脉、掌状五出脉等名称。

4.叶的形状

是区别植物种类的重要根据之一。下列的术语，常用于描写叶的形状，也同样适用于萼片、花瓣等扁平器官。先列述叶子全形的术语。

（1）针形　细长而顶尖如针，横切面三角形或菱形，如松树、云杉等的叶子。

（2）条形（线形）　长而狭，长约为宽的5倍以上，且全长略等宽,两侧叶缘近平行。

(3)披针形　长约为宽的4~5倍,中部或中部以下最宽,向上下两端渐狭,中部以上最宽,渐下渐狭的特称为倒披针形。

(4)镰形　狭长形而多少弯曲如镰刀。

(5)矩圆形(长圆形)　长约为宽的3~4倍,两侧边缘略平行。

(6)椭圆形　长约为宽的3~4倍,但两侧边缘不平行而呈弧形,顶、基两端略相等。

(7)宽椭圆形　同上,但长为宽的2倍以下。

(8)卵形　形如鸡卵,中部以下较宽;倒卵形,是卵形的颠倒,即中部以上较宽。

(9)心形　长宽比例如卵形,但基部宽圆而凹缺;倒心形是心形的颠倒,即顶端宽圆而凹缺,这个凹缺叫弯缺。

(10)肾形　横径较长如肾状。

(11)圆形　形如圆盘。

(12)三角形　基部宽呈平截形,三边几相等。

(13)菱形　即等边斜方形。

(14)楔形　上端宽,而两侧向下成直线渐变狭。

(15)匙形　全形狭长,上端宽而圆,向下渐狭,形如汤匙。

(16)扇形　顶端宽而圆,向下渐接,如扇状。

(17)半月形　形如半月。

(18)提琴形　叶子的半段明显较另一半段宽阔,而从宽阔的部分转变成较狭的部分时,缓慢地或往往由于其"腰部"紧束即强烈分成上下部分。

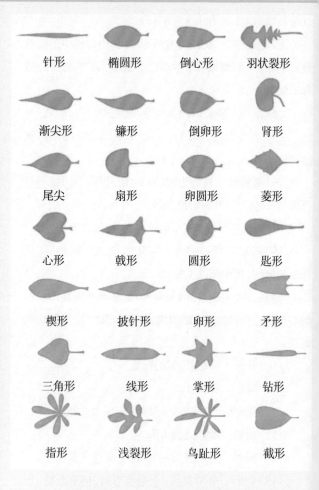

针形　　　椭圆形　　　倒心形　　　羽状裂形

渐尖形　　　镰形　　　倒卵形　　　肾形

尾尖　　　扇形　　　卵圆形　　　菱形

心形　　　戟形　　　圆形　　　匙形

楔形　　　披针形　　　卵形　　　矛形

三角形　　　线形　　　掌形　　　钻形

指形　　　浅裂形　　　鸟趾形　　　截形

（19）钻形　长而细狭的大部分带革质的叶片，自基部至顶端渐变细瘦而顶端尖。

（20）剑形　坚实的、通常厚而强壮的、具尖锐顶端的条形叶，如欧洲鸢尾。

（21）带形　宽阔而特别长的条形叶。

（22）管状　多汁，长度超过其宽度许多倍，横切面多少成圆形,中空,如葱。

（23）鳞形　叶小,形如鳞片,如侧柏等有鳞形叶。

5. 叶片顶端的形状

（1）卷须状　即顶端为螺旋状或曲折的附属物,如豌豆等。

（2）芒尖　即凸尖延长成一芒状的附属物。

（3）尾状　先端有尾状延长的附属物。

（4）渐尖　尖头延长,但有内弯的边。

（5）锐尖　尖头成一锐角形而有直边。

（6）钝形　先端钝或狭圆形。

（7）圆形　即先端圆形,比钝形稍圆。

（8）截形　先端平截而多少成一直线。

（9）尖凹　先端稍凹入。

（10）凹缺　先端凹入的程度比前者更明显。

（11）倒心形　即颠倒的心脏形,或一倒卵形而先端深凹入。

（12）骤凸（形）　先端有一利尖头。

（13）凸尖　由中脉延伸于外而成一短锐尖。

（14）微凸　即中脉的顶端略伸出于外面。

（15）刺凸　即先端有一刺。

（16）钩状凸　即先端有一钩状刺。

（17）啮断状　即先端边缘呈啮蚀状。

6. 叶片基部的形状

（1）心形　基部在叶柄连接处凹入成的缺口,两侧各有一圆形片,这个缺口叫弯缺。弯缺有多种不同形状,如尖的、钝的、圆的、方的等等;又如两侧的裂片彼此离

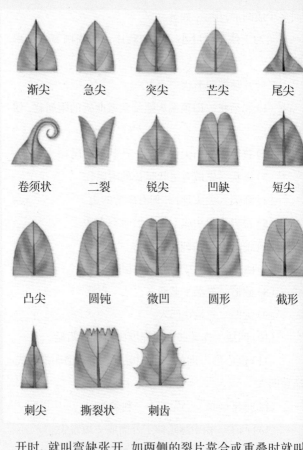

渐尖	急尖	突尖	芒尖	尾尖
卷须状	二裂	锐尖	凹缺	短尖
凸尖	圆钝	微凹	圆形	截形
刺尖	撕裂状	刺齿		

开时，就叫弯缺张开，如两侧的裂片靠合或重叠时就叫弯缺闭合。

（2）耳垂形　基部两侧各有一耳垂形的小裂片，这种裂片特称为垂片。

（3）箭形　基部两侧的小裂片向后并略向内。

（4）戟形　基部两侧的小裂片向外。

（5）截形　见上。

（6）圆形　见上。

（7）钝形　见上。

（8）楔形　中部以下向基部两边渐变狭，形如楔子。

（9）渐狭　向基部两边渐变狭的部分更长更渐进，与叶尖的渐尖类似。

（10）歪斜　基部两侧不对称。

（11）盾状　见上。

（12）抱茎　见上。

（13）穿茎　见上。

（14）合生穿茎　对生叶的基部两侧裂片彼此合生成一整体，而茎恰似贯穿在叶片中。

7. 叶片的边缘形状

（1）全缘　叶缘成一连续的平线，不具任何齿和缺刻。

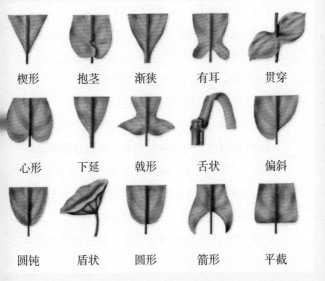

楔形	抱茎	渐狭	有耳	贯穿
心形	下延	戟形	舌状	偏斜
圆钝	盾状	圆形	箭形	平截

（2）波状　边缘起伏如微波。

（3）深波状　边缘波浪状起伏较大。

（4）皱波状　较深波状起伏更多，如羽衣甘蓝等。

（5）强皱波状　较皱波状起伏更多更大。

（6）钝齿状　边缘具钝头的齿。

（7）小钝齿状　具较小的钝齿。

（8）有软骨状边　边缘具一无色的软骨质的肋条。

（9）向外反卷　边缘向叶片的下面卷折。

（10）向内反卷　边缘向叶片的上面卷折。

（11）锯齿状　边缘有尖锐的锯齿，齿端向前。

（12）细锯齿状　具较小的锯齿。

（13）重锯齿状　锯齿的边缘又具锯齿。

（14）牙齿状　边缘具尖锐的齿，齿端外向。

（15）小牙齿状　具较小的牙齿。

（16）有睫毛　边缘有细毛，似眼睫毛。

（17）有短睫毛　具较小的睫毛。

（18）缺刻的　指叶片边缘凹凸不齐。

（19）撕裂的　叶片边缘不规则的浅裂。

（20）条裂的　叶片边缘分裂成狭条。

（21）浅裂的　叶片分裂深达约 1/3 左右。

（22）半裂的（中裂的）　叶片分裂达中部。

（23）深裂的　叶片分裂达离中脉或基部不远处。

（24）全裂的　就是叶片的裂片彼此完全分开，使叶片成为数部分。全裂叶片是单叶过渡到复叶的开始，有时单叶和复叶之间并没有截然的区别。

　　8. 按照叶片分裂的深浅、裂片的数目以及裂片和叶脉的排列方式分类

全缘

刺齿

睫毛状

圆锯齿

细圆锯齿

牙齿

小牙齿

锯齿

细锯齿

重锯齿

不规则锯齿

反卷

波状

浅裂

皱波状

掌状

深波状

浅波状

（1）裂片排列成羽毛状而具有羽状脉序时，则有羽状浅裂、羽状半裂、羽状深裂和羽状全裂。在羽状分裂中还有大头羽裂和倒向羽裂，前者是顶端裂片特大，向下渐小，如萝卜的叶，后者是各侧生裂片倒向基部，如蒲公英的叶。

（2）裂片成掌状排列而具有掌状脉序时，则有掌状浅裂、掌状半裂等。

（3）在表示裂片的数目时，则有二浅裂、三浅裂或掌状三浅裂、掌状五浅裂、掌状五深裂、羽状多半裂等等。如上所述的叶子，不管它如何分裂，都叫单叶。

9.复叶

有两片至多片分离的叶片生在一个总叶柄或总叶轴上，这叶子就叫复叶，这些叶片叫做小叶，小叶本身的柄叫小叶柄，小叶也有或没有托叶，小叶的托叶叫小托叶。复叶又可分为羽状复叶和掌状复叶。羽状复叶是指侧生小叶排列在总叶柄的两侧成羽毛状的复叶，其每一小叶相当于单叶的每一裂片。其顶端生一顶生小叶，当小叶的数目是单数时，就叫单数羽状复叶；当顶生小叶的数目是双数时，就叫双数羽状复叶。上述的情况是总叶柄两侧不分枝而具一列小叶，这叫一回羽状复叶；倘总叶柄两侧有成羽状排列的分枝，分枝两侧再着生有羽状排列的小叶的羽状复叶，这叫二回羽状复叶，其分枝成为羽片，倘羽片如同总叶柄一样，再一次分枝时，就叫三回羽状复叶；倘再次一级的羽片再行同样的分枝以及依此类推，就叫多回羽状复叶。这时，其最末一次的羽片就叫小羽片或末回小羽片。掌状复叶是指其小叶在总叶柄顶端着生

羽状浅裂

羽状深裂

羽状全裂

掌状浅裂

掌状深裂

掌状全裂

羽状三出复叶

掌状复叶

偶数羽状复叶

奇数羽状复叶

二回羽状复叶

三回羽状复叶

单身复叶

掌状三出复叶

在一个点上，向各方向展开而成手掌状的叶。多回掌状复叶实际上是掌状三出复叶的数回重复，如二回重复、三回重复、四回重复，分别叫二回三出复叶、三回三出复叶、四回三出复叶等等。在这种情况下，其最后一级的三出小叶通常总是羽状三出的形式。就小叶的数目来讲，小叶可有一至多枚。倘仅有一枚小叶，则叫一小叶复叶或单叶（单身）复叶，这是因为侧生小叶退化仅留一枚顶生小叶，看起来好像是单叶，但在其总叶柄顶端与顶生小叶连接处有关节，可以与真正的单叶相区别，如柑橘等；倘仅有二枚小叶，就叫二出复叶或两小叶复叶，如歪头菜等；仅有三枚小叶，就叫三出或三出复叶；三出复叶的二枚侧生小叶着生在总叶柄顶端以下，而仅顶生小叶着生在总叶柄顶端时，就叫羽状三出复叶；倘二枚侧生小叶和一枚顶生小叶都着生于总柄顶端时，叫掌状三出复叶；倘有四枚小叶，就叫四小叶复叶，如锦鸡儿等。掌状复叶有五枚小叶时，就叫五出掌状复叶或五小叶掌状复叶，有七小叶时，就叫七出掌状复叶或七小叶掌状复叶等等。

五、花　序

1. 花序

是指花排列于花枝上的情况。花序着生的位置通常有以下5种：

总状花序　　　穗状花序　　　肉穗花序　　　柔荑花序

伞房花序　　　伞形花序　　　头状花序　　　隐头花序

复总状花序　　复穗状花序　　复伞房花序　　复伞形花序

螺状　　　蝎状

单歧聚伞花序　二歧聚伞花序　多歧聚伞花序　轮伞花序

(1) 顶生花序　生于枝的顶端。

(2) 腋生花序　生于叶腋内。

(3) 腋外生花序　生于叶腋和节之间的节间。

(4) 茎生花序　生于茎上(或树干上)。

(5) 根生花序　由地下茎生出。

2. 花序的形成

花序最简单的形式是单生花，是指一个单花单独生，支持这花的柄叫花梗（柄）。倘有数花成群，则支持这群花的柄叫总花梗（柄），各个花的柄叫花梗（柄），整个花枝的轴叫总花轴。单生花或花序上的各花有柄的叫花有柄，反之叫花无柄。倘总花轴或总花梗不具叶，而似从地下抽出来的叫花葶，如水仙花。

3. 花序按照花开放顺序的先后分类

（1）无限花序或叫求心花序 是指花由轴的下部先开，渐及上部，主轴不断增长，或者花由边缘开向中心的花序。

（2）有限花序或离心花序 是指处于最顶点或最中心的花先开，后及于两侧枝的花序。

（3）有些植物的花序是有限花序和无限花序混生的，即主轴可无限延长，而侧枝为有限花序或相反。

4. 花序按照结构形式分类

（1）穗状花序 花多数，无柄，排列于一不分枝的主轴上，如车前草、马鞭草等。小穗为禾本科和莎草科的花序中的一个最小单位，有一至数朵花。

（2）总状花序 和穗状花序相似，但花有柄，如远志、荠菜等。

（3）荑荑花序 是由单性花组成的一种穗状花序，但总轴纤弱下垂，雄花序于开花后全部脱落，雌花序于果实成熟后整个脱落，如杨柳科的花序。

（4）肉穗花序 为一种穗状花序，但总轴肉质肥厚，且有一佛焰苞所包围，如芋头、天南星、半夏等。

（5）圆锥花序　总轴有分枝，分枝上生二花以上，也就是复生的总状花序或穗状花序，或泛指一切分枝疏松，外形呈尖塔形的花丛，如稻、燕麦的花序。

（6）头状花序　花有柄或近无柄，多数密集于一短而宽、平坦或隆起的总托上而成一头状体，此总托叫花序托（总花托），如菊花、山萝卜等。

（7）伞形花序　花有柄，花梗近等长，且共同从花序梗的顶发出，状如张开的伞。伞形花序有单的，即每一花梗或伞梗仅有一朵花，如五加科；也有复生的叫复伞形花序，即每一伞梗顶端再生出一个伞形花序，此第二回生出的花序叫小伞形花序，如伞形科的大多数种类。

（8）伞房花序　花梗或分枝排列于总轴不同高度的各点上，但因最下的最长，渐上递短，使整个花序顶成一平头状，最外的或最下的花先开，如梨、苹果等。

（9）隐头花序　花聚生于肉质中空的总花托内，同时又被这托所包围，如无花果、榕树等。

（10）簇生花序　花无柄或有柄而密集成簇，通常腋生，如鼠李和樟科的山苍子、乌药等。

（11）聚伞花序　为一有限花序，最内的或中央的花最先开放，后渐及于两侧，最简单的形式叫二歧聚伞花序，是由三朵花组成的，即在中央一朵顶生花下面，从花序梗顶生出二分枝，每枝顶上各生一朵花。聚伞花序有许多变形，有的为圆锥花序式，有的为复伞房花序式，它继续生长的侧枝有的是二歧状，有的是三歧状。这类花序因分枝次数的不同，可区别为多歧聚伞花序和单歧聚伞花序二种，前者是指相继的各级侧枝多于2个的花序，后者是指每一相继的侧分枝只有一个的花序。多歧聚伞花序同等级的侧枝通常由母轴近顶端处分向各方面斜上呈放射状排列，有时排成一轮，如大戟属的花序。单歧聚伞花序又因分枝排列的不同而区别为螺壳状聚伞花序和蝎尾状聚伞花序，前者是指相继的各级侧枝都由同方位生出而成螺壳状旋转的花序，如黄花、萱草的花序，后者是指相继的各级侧枝由两个方位交互生出成二列，但偏于一侧而成蝎尾状卷曲的花序，如紫草科的一些种类和唐菖蒲等。轮伞花序是指聚伞花序生于对生叶的腋间成轮状的形式，如一些唇形科植物的穗状花序是由许多轮伞花序形成的。

（12）聚伞圆锥花序　为一收缩或卵形的圆锥花序，它的主轴无限生长，且第二次分轴和末轴则呈聚伞花序式。

花和花序常承托以形状不同的叶状或鳞片状的器官，这些器官叫做苞片或小苞片。那些生于花序下或花序每一分枝或花梗基部下的叫苞片，那些生于花梗上的或花萼下的叫小苞片。当数枚或多枚苞片聚成轮紧托花序或一花的叫总苞。在复伞形花序中承托小伞形花序的总苞叫小总苞。佛焰苞是指一枚包围整个肉穗花序的大苞片，这是天南星科和有些单子叶植物花序特有的器官。颖是一种干燥的苞片，专指禾本科小穗上最下面的无花苞片。外稃专指禾本科的小穗上的有花外苞片。内稃是专指禾本科小穗上的有花内苞片。

六、花

　　一朵完全花是由4个部分组成，其最外两轮，即花的包被部分，是由花萼和花冠组成，总称花被。其最内二轮为花的主要器官，是由雄蕊和雌蕊组成。花的主轴，即花的各部着生处叫花托。

　　有很多的花往往缺少这四部分的一至三部分，这样的花叫不完全花。一朵花，不论其二轮花被存在与否，倘其主要器官，即雄蕊和雌蕊都存在而充分发育的，叫两性花或称具备花。一朵花，倘其雄蕊或雌蕊不完备或缺一时，叫单性花；只有雌蕊而缺少雄蕊或仅有退化雄蕊的花，叫雌花，反之，只有雄蕊而缺少雌蕊或仅有退化雌蕊的花，叫雄花。此外，还有所谓中性花，是指那些雌蕊和雄蕊都不完备或缺少的花；不孕性花是指那些不结种子的；孕性花是指那些产种子的花。

　　单性花中，雌花和雄花同生于一株植物上的，叫雌雄同株；当雌花生于一株植物上，而雄花生于另一株植物上时叫雌雄异株；当单性花和两性花同生于一株植物上或生于同种的不同株植物上，叫杂性花。

　　花萼和花冠都具备的花叫两被花；仅有花萼的花叫单被花，这花萼应叫花被，每一片叫花被片。在这种情况下，无论花萼的颜色如何艳丽，合生与否，统叫无瓣花；花萼和花瓣都缺少的花叫裸花，如杨、柳等。

多数植物，其花及时开放，便于昆虫或风等传布花粉的，叫开花授粉花，但有些植物，除有正常的花外，在同时或在后来还生出另一种小而不显著的、有时生在近地面处，而且永不开放的花，这叫闭花授粉花，如有些堇菜和鸭跖草等。

一朵花，如果通过它的中心，可以切成两个以上的相等对称面时，叫辐射对称花，如梅花、桃花、李花等；倘的任何一轮器官（尤其是花冠）的形状和大小不相等时，通过花的中心，沿着一定的方向，只可切成一个相等的两半，这叫两侧对称花，如蝶形花亚科、凤仙花科等。

凡同一器官的各部分相结合，如花瓣和花瓣结合，这叫合生；倘一种器官和另一种器官合生，这叫贴生。这两个术语也适用于其它器官。

花萼和花冠

1. 花萼

是指花的最外一轮或最下一轮，通常为绿色，常比内层即花瓣小，但有些植物，它的花萼是有颜色的，好像花瓣一样，这叫瓣状萼。构成花萼的成员叫萼片。萼片有彼此完全分离的，叫离片萼，也有多少合生的，叫合片萼。在合片萼中，其连合部分叫萼筒，其分离部分叫萼齿或萼裂片。有些植物的花具有所谓副萼的，这是指萼下的苞片而言，是生于萼下的一轮小苞片，如扶桑花、芙蓉花等。

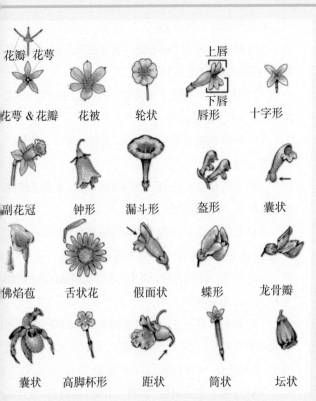

花瓣 花萼

花萼 & 花瓣　　花被　　轮状　　唇形　　十字形

副花冠　　钟形　　漏斗形　　盔形　　囊状

佛焰苞　　舌状花　　假面状　　蝶形　　龙骨瓣

囊状　　高脚杯形　　距状　　筒状　　坛状

上唇

下唇

2. 花冠

是花的第二轮，是最明显的部分，通常大于花萼，质较薄，呈各种颜色，但通常不呈绿色。构成花冠的成员叫花瓣。花冠的各瓣有完全彼此分离的叫离瓣花冠，也有多少合生的，叫合瓣花冠。在合瓣花冠中，其连合部分叫花冠筒，其分离部分叫花冠裂片。有些植物的花瓣分化为檐部和瓣爪两部分，檐部即花瓣扩大的上部，瓣爪即花瓣狭缩的基部，好像叶可分为叶片和叶柄两部分一样。

3. 花冠按其形状分类

（1）筒状　花冠大部分成一管状或圆筒状，如大多数菊科植物的头状花序中的盘花。

（2）漏斗状　花冠下部筒状，由此向上渐渐扩大成漏斗状，如牵牛花等。

（3）钟状　花冠筒宽而稍短，上部扩大成一钟形，如桔梗科植物。

（4）高脚碟状　花冠下部是狭圆筒状，上部忽然成水平状扩大，如水仙花等。

（5）坛状　花冠筒膨大成卵形或球形，上部收缩成一短颈，然后略扩张成一狭口，如石楠类植物。

（6）辐状　花冠筒短，裂片由基部向四面扩展，状如车轮，如茄、番茄等。

（7）蝶形　其最上一片最大的花瓣叫旗瓣，侧面两片通常较旗瓣小，且不同形，叫翼瓣，最下两片，其下缘稍合生，状如龙骨，叫龙骨瓣，如豆科植物。

（8）唇形　花冠稍呈二唇形，上面（后面）两裂片多少合生为上唇，下面（前面）三裂片为下唇，如唇形科植物。

（9）舌状　花冠基部成一短筒，上面向一边张开而成扁平舌状，如菊科植物头状花序的缘花。

4. 依花瓣和萼片在花芽内排列的方式分类

（1）镊合状　指各片的边缘彼此接触但不彼此覆盖，若各片的边缘内弯而彼此接触时，叫内向镊合状；外弯而彼此接触时，叫外向镊合状，若各片边缘折叠时，叫折叠状，如茄、番茄等。

（2）旋转状　指一片的一边覆盖其接邻一片的一

边，而另一边被另一片的一边所覆盖。

（3）覆瓦状　和旋转状排列相似，只是各片中有一片或两片完全在外，有另一片完全在内。倘裂片为五片，其中二片完全在外，二片完全在内，其他一片的一边在外，一边在内，叫重覆瓦状。

雄蕊和雌蕊

1. 雄蕊

是花的重要器官，由花丝和花药构成。一朵花内的全部雄蕊总称雄蕊群。

2. 雄蕊分类

雄蕊通常是彼此分离的，叫离生雄蕊，但也有多种形式的合生。当花丝合成一单束时，叫单体雄蕊，如扶桑花等；成二束时，叫二体雄蕊，如有些豆科植物；成多束时，叫多体雄蕊，如金丝桃等。当雄蕊的花药合生或花丝分离的，叫聚药雄蕊，如菊科植物。有时花丝完全合生成一球形圆筒形的管，叫雄蕊筒。当雄蕊伸出花被时叫伸出雄蕊。若雄蕊四枚，其中一对长于其它一对就叫二强雄蕊，如唇形科植物；若雄蕊六枚，其中四枚长于其它二枚时，叫四强雄蕊，如十字花科植物。

3. 雄蕊在花里着生的位置

当它着生在子房下面时，叫下位着生；当它着生于萼管上而围绕子房时，叫周位着生；当它着生在子房上面时，叫上位着生；当着生在花冠上时，叫着生于花冠。

4. 花药

是雄蕊的重要部分。花药全部着生于花丝上时，叫全着药；仅花药基部着生于花丝顶部时，叫基着药；当花药背部着生于花丝上时，叫背着药；当花药背部中央一点着生于花丝极尖的顶上而易于摇动时，叫丁字药；药室基部张开而上部着生于花丝顶上时，叫个字药；药室完全分离几成一直线着生在花丝顶时，叫广歧药；当花丝延长于药室之间而联结两个药室时，这延长部或连接部叫药隔。雄蕊没有花药或稍具药形而不含有花粉时，这样的雄蕊叫不发育雄蕊或退化雄蕊，又叫假雄蕊。

5. 花药的开裂方式主要有三种

（1）纵裂　即药室纵长开裂，这是最常见的。

（2）孔裂　即药室顶部或近顶部有一小孔，花粉由此孔散出，如杜鹃花科。

（3）瓣裂　即药室有1~4个活板状的盖，当雄蕊成熟时，盖就掀开，花粉由此孔散出，如小檗科植物。

6. 花药的开裂方向

有些花药是内向的，就是说它的开裂面向着雌蕊的；有些是外向的，是说它的开裂面是向着花瓣或花被的。

7. 雌蕊

是花的最内一个部分，将来由此形成果实，完全的雌蕊是由子房、花柱和柱头三部构成。子房指雌蕊的基部，通常膨大，一至多室，每室具一至多个胚珠；花柱指子房上部渐狭的部分，而柱头是花柱的顶部，膨大或不膨大，分裂或不分裂，起接受花粉的

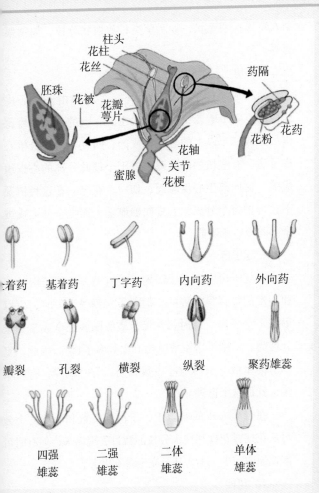

柱头
花柱
花丝
药隔
胚珠
花被
花瓣
萼片
花粉 花药
花轴
蜜腺 关节
花梗

着药 基着药 丁字药 内向药 外向药

瓣裂 孔裂 横裂 纵裂 聚药雄蕊

四强 二强 二体 单体
雄蕊 雄蕊 雄蕊 雄蕊

作用。

花柱可以是：单一的；分枝的；花瓣状的（如鸢尾）等。

柱头 位于花柱顶端，有的膨大易见，有的同花柱无甚区别，但它通常分泌透明的粘质，故易认识。膨大的柱头可分为：钝裂片状，如百合、番茄等；乳头状突起，如许多瓜类；盘状，如木槿属；头状，如羽衣草属；羽毛状，如禾草类；放射状分枝，如罂粟属等。

8. 子房

是构成雌蕊的主要部分，一个雌蕊由一个心皮构成的，叫单雌蕊，因而子房也是一室的，一个雌蕊由二个或二个以上的心皮构成的，叫复子房或合生心皮子房。有些植物的雌蕊由若干个彼此分离的心皮组成的，这叫离生心皮雌蕊，如白兰花等。在这种情况下，可把每个分离的心皮叫做雌蕊，而把全部心皮或全部雌蕊叫雌蕊群。

9. 复子房

在复子房中，若子房侧壁没有消失，则子房的室和心皮的数目是相等的，但若子房侧壁消失时，可以形成一室子房。有时每室可能被假隔膜完全或不完全分裂为二，则子房室数就比心皮数多了1倍。因此，复子房的室数，有时与心皮数相同，有时减少，有时增多，就是这个道理。

在合生心皮的雌蕊中，子房的室数和心皮的个数可从花柱或花柱和柱头分枝的数目表现出来，但有时可能比原数减少一半，甚至完全看不出来。

10. 花柱

在离生心皮的雌蕊中，花柱是彼此分离的，每一花柱有它自己的柱头。极少数种类，柱头的一部分及柱头完全合生而子房则是分离的，如萝藦科大部分的种类。

11. 胎座

是胚珠着生的地方，有时为点，有时为线，有时

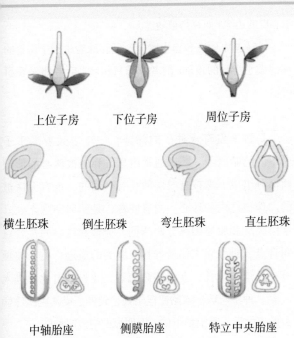

上位子房　　　　下位子房　　　　　周位子房

横生胚珠　　倒生胚珠　　　弯生胚珠　　　直生胚珠

中轴胎座　　　　侧膜胎座　　　特立中央胎座

隆起而肥厚。胎座可分为以下几种。

（1）中轴胎座　在合生心皮，多室的子房里，它的中轴是由各心皮的内缝合成，胚珠着生于每一心皮的内角上（即中轴上），如扶桑花、橙等。

（2）特立中央胎座　在一室的复子房内，中轴由子房腔的基部升起，但不达子房的顶部，胚珠即着生于此轴上，如石竹科植物。

（3）侧膜胎座　在合生心皮一室的子房里，胚珠着生于每一心皮的边缘，胎座通常稍厚或为一隆起线，或扩展而几乎充满子房腔内，有时也可突进于子房腔内而成一假隔膜，如番木瓜、栀子等。

（4）边缘胎座　在单心皮一室的子房里，胚珠着生于心皮的边缘,如豆科植物。

(5)基生胎座和顶生胎座 是胚珠着生于子房室的基部或子房室的顶部,前者如菊科植物,后者如瑞香科植物。

12.胚珠

是将来发育成种子的部分,一至多数着生于子房室内的胎座上。胚珠通常由珠心和包被珠心的珠被两部分组成。珠被有二层的,有一层的,也有无珠被的。珠被之内的珠心,内有胚囊,是藏卵细胞之处。连结胚珠和胎座的部分叫珠柄。珠被和珠心的接合点叫合点,是维管束输送养料入胚囊的通道,在珠被顶有一孔道叫珠孔,在大多数植物,花粉管由此孔进入胚囊。种子与珠柄或胎座连结处,到种子成熟脱离珠柄或胎座之后,其上留下的一个明显的疤痕叫种脐。

13.胚珠分类

种子植物中的大部分植物,其胚珠都在子房之内,所以这类植物叫被子植物;另有一部分植物它的胚珠是裸露的,这类植物叫裸子植物,如松、柏、杉等。

胚珠:有直生的,即胚珠的合点紧迫于种脐上,而珠柄与珠心在一条直线上;有弯生的,即胚珠的合点紧迫于种脐上,但因其一边生长迅速,使胚珠的中轴弯曲,迫使珠孔倾向下方;有倒生的,即胚珠从上方倒向下方,因此,合点在上而珠孔在下,有半倒生的,即胚珠平生于珠柄,珠孔和合点在弯曲或通直的中轴的两端,且离胚珠的着生点有同等的距离。

花　托

1. 花托

是花柄膨大的顶部，花的各部分着生处。在较原始植物的花里，花的各部分排列是呈螺旋状的，所以花托也多少伸长，如玉兰花；但在较进步的花里，花的各部器官是成轮状排列的，所以花托也就非常缩短。

2. 花盘

是花托的扩大部分，通常呈杯状、环状、扁平状或垫状。花盘或生于子房的基部，或介于雄蕊和花瓣之间，有全缘的，有分裂的，有齿牙状的。花盘也可分裂而成疏离的腺体。

3. 蜜腺

是指花盘、变形的小花瓣、花瓣或雄蕊基部能分泌蜜汁的附属体和附属小体。

4. 从花的各轮部分着生于花托上的位置关系分类

（1）下位花　花托多少凸起或稍呈圆锥状，花的各轮依次排列其上，最下的或最外的是花萼，次为花冠、雄蕊、雌蕊，而花萼、花冠和雄蕊的着生点较子房低，所以叫下位花，而子房本身则着生于花的中央最高处，因而叫上位子房，如毛茛、金丝桃等。

（2）周位花　花托凹陷，且多少膨大成杯状或壶状，子房着生在中央，两者彼此分离，花萼、花冠和雄蕊生在花托上端内侧周围，而且围着子房，这叫周位花；

这里，子房本身位置未变，所以仍是上位子房，如桃、梅、杏、玫瑰等。有些周位花，它的子房一部分和花托愈合，而另一部分则突出于外，这叫半下位子房，如绣球花等。

（3）上位花　花托凹陷而膨大成各种形状，子房着生其中，且彼此愈合，花萼、花冠和雄蕊都在子房之上，仅有花柱部分突出在外，因而叫上位花；这里，子房本身却生在其他各轮成员之下，故叫下位子房，如苹果、梨等。

当花托的顶部多少延长，把雌蕊的位置抬高，这个延长的部分叫子房柄，如白花菜科的醉蝶花和有些豆科植物；倘花托的延长部分是支持雌、雄蕊时，就叫做雌雄蕊柄，如西番莲科、白花菜科的白花菜；倘花托的延长在花萼和花冠之间而支持花冠、雄蕊、雌蕊时，叫花冠柄，如石竹科的一些植物。在伞形科和牻牛儿苗科植物中，它们的花托延伸到合生心皮的子房中央形成一个中轴，等到果实成熟时，心皮裂开而顶部悬挂于延长的中轴顶端，这个中轴就叫悬果轴。在这里有另一种现象，即单心皮雌蕊或离生心皮的雌蕊也有柄，但它不是花托的延长，这种柄相当于叶子的柄，称为心皮柄，如黄连属。

七、果实和种子

1. 果实

是植物开花受精后的子房发育形成的，包围果实的壁叫果皮。果皮有时可区分为三层：最外的一层叫外果皮，内边一层叫中果皮，最内一层叫内果皮。但是，有许多果实的形成，除子房本身外，还有花的其他器官参与其中，这种果实叫伪果，如梨、苹果等，就有萼和花托参与；草莓的果实大部分是它增大而肉质的花托；金樱子的花托膨大成壶状而包于果实的外面；等等。

2. 果实分类

（1）聚合果　是由一花内的若干离生心皮形成的一个整体，如番荔枝、悬钩子、草莓等。

（2）聚花果　是由一整个花序形成的一个整体，如桑葚、无花果、木菠萝等。

（3）单果　是由一花中的一个子房或一个心皮形成的单个果实。这种果实最为常见。单果可分为干燥而少汁的干果和肉质而多汁的肉果两大类；干果又可分为

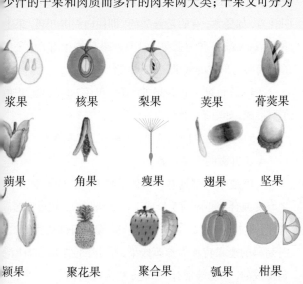

浆果　　　核果　　　梨果　　　荚果　　　蓇葖果

蒴果　　　角果　　　瘦果　　　翅果　　　坚果

颖果　　　聚花果　　　聚合果　　　瓠果　　　柑果

开裂的和不开裂的两类。

3. 开裂的干果分类

（1）蓇葖果　是离生心皮的单个心皮形成的，成熟时或沿背缝线或沿腹缝线的一侧开裂。它可以含一个种子或多数种子，如玉兰有许多个离生心皮，八角（八角茴香）有若干个离生心皮，乌头有3个离生心皮，每一个离生心皮形成一个蓇葖果。

（2）荚果　是单心皮的上位子房形成的，与蓇葖果相似，但成熟时沿背腹两缝开裂，开裂后的果瓣片叫裂瓣，如大豆。节荚基本上是荚果，仅在其种子间收缩变狭，成熟时在收缩处断裂或具有一颗种子的断片。

（3）蒴果　是由二个以上合生心皮的上位或下位子房形成。开裂的方式有：室背开裂，沿心皮的背缝线开裂；室间开裂，即沿室与室之间的隔膜开裂。有的蒴果是由多数小孔开裂的，称为孔裂，孔口有时还有一小盖，叫孔盖，如罂粟；有的是盖裂的，即横向周围开裂，果上端呈盖状脱离，称为盖果。参萼蒴果是特指由下位子房的萼筒参与形成的蒴果，如鸢尾等。

（4）长角果　是蒴果的一种，仅由2个合生心皮的子房形成，如白菜、油菜等。

（5）短角果　同长角果，但较短，如荠菜等。

4. 不开裂的干果分类

（1）瘦果　是具有一颗种子而不开裂的干果，由离生心皮或合生心皮的上位或下位子房形成，其果皮紧包种子，不易分离，如毛茛、铁线莲、蓼、菊科植物等。有时菊科的瘦果特称为参萼瘦果，是由下位子房的萼筒参与形成的，其顶端常有一簇毛，称为冠毛。

（2）颖果　是瘦果的一种，果皮与种皮愈合，不能分离，有时还包有颖片，如稻、粟、麦等。

（3）胞果　是具有一颗种子而不开裂的干果，由合生心皮的上位子房形成，其果皮薄而膨胀，疏松地包围种子而与种子极易分离，如滨藜、藜等。

（4）翅果　是瘦果状而有翅的干果，由合生心皮的上位子房形成，如榆树等。

（5）坚果　是一种硬而具一颗种子的干果，由合生心皮的下位子房形成，如栎、栗、榛子。这种果实常有总苞包围，如榛子，或有变形的总苞叫壳斗所包围，如栎。

（6）小坚果　是一种小形的坚果状的干果，由合生心皮的上位或下位子房形成。在果实形成之前或在形成中，子房分离而形成一颗种子的坚硬小果，故也总称为离果，如紫草科、马鞭草科、唇形科等的大部分种类的果实。伞形科的果实是由两个合生心皮的下位子房在果实发育中形成的两个分离而悬垂的小坚果，特称为双悬果，而每一小坚果称为悬果瓣。

5. 肉果分类

（1）浆果　是由合生心皮的上位或下位子房形成，中果皮和内果皮都成肉质，具一个或多个种子。具多种子的由上位子房形成的如番茄（西红柿）、葡萄等；具一颗种子由上位子房形成的如伊拉克枣；具多种子的由下位子房形成的如石榴；亦有开裂的如木通。

（2）柑果　是浆果的一种，外果皮软而厚，中果皮、内果皮多汁，由合生心皮的上位子房形成。这是柑橘类植物特有的一类果实。

（3）瓠果　是浆果的一种，中果皮、内果皮肉质，一室多种子，由合生心皮的下位子房并有萼筒参与形成。这是某些葫芦科植物特有的果实，如南瓜、西瓜等。这种果实也有在十分成熟后作三瓣裂开的，如苦瓜。

（4）梨果　是具有软骨质内果皮的肉质果，由合生心皮的下位子房参与花托形成，内有数室，每室含种子若干个，如梨、苹果等。

（5）核果　是具有一个或数个硬核的肉质果，由单心皮或合生心皮形成，外果皮薄，中果皮肉质或纤维质，内果皮坚硬而有一室含一个种子，或数室含数个种子，称为核，如桃、李等。有些植物如冬青等的核果具有数个小核，颇似浆果；但葡萄等浆果中的俗称为核的，实际上是种子，其坚硬的种皮是由胚珠的珠皮形成，而冬青等的核果中的数个小核的坚硬壳是由子房室的内壁形成，实际上是内果皮。这种小核特称为分核。悬钩子等的聚合果是由多数离生心皮的雌蕊聚生在花托而形成的，其各单个小果实是由各个雌蕊的心皮形成，是一种小的核果，称为小核果，小核果的核叫小核。

6. 种子

胚珠受精后发育成长为种子，其形状和大小差别极大，兰科植物的种子小如粉末，椰子的种子则大如婴儿的头。

种子的外侧有由珠被形成的种皮包闭，在种子与果实的皮密接而愈合的情况下，两者之间的界限往不明显，如小麦。当种子成熟时其内生有一幼小植物体，称为胚。种子在其胚的发育过程中把胚囊核所形成的胚乳完全吸收而具有极肥大的子叶来储藏为自己萌发所需的养料，此时，种子内除胚之外，不见有胚乳，则称为无胚乳种子，例如落花生，大豆等等；胚乳未被吸收或未被完全吸收，种子内除胚之外，还有粉质、油质、肉质或角质等等的胚乳，则称为有胚乳种子，例如椰子、小麦、稻、蓖麻等等。

种子的外皮称为外种皮，是由外珠被形成，或有时与珠心的皮共同形成，在其质地上来说，有木质的、革质的、骨质的、膜质的等等；在纹路上来说，有具网纹、具疣状小突起、具蜂巢状凹点等等；有时扩展成翅，有时生有称为种缨的簇毛。内种皮不一定存在，倘若存在，是由内珠被与珠心的皮共同形成，经常是一层薄软或脆弱的皮，有时因与外种皮愈合而不明显。但由具一层珠被的胚珠形成的种子，一定不存在有内种皮。

在种子的形成过程中，由珠柄顶端扩大，或若不存在珠柄则由胎座扩大而形成一层膜质或肉质的包围种子的一部或全部的附属物，称为假种皮，例如睡莲、荔枝、龙眼等等；这种附属物倘若是由珠孔中生出，则有时特称为拟假种皮，如卫矛。种阜也是假种皮性质的附属物，它成各种形状的凸起物，有从种脊上生出成鸡冠状的，如细辛属；有从珠柄生出的凸起，如豆科；有从珠孔处生出的凸起，特称为珠孔阜，例如蓖麻。

种脐是种子成熟后从珠柄或胎座脱落下来而留下的一个疤痕。

胚是包藏在种子内的休眠状态的幼植物，它由胚根、子叶和胚芽三部分组成，有时植物的胚极细小，很难分辨出这三部分。依据子叶的数目分为多子叶胚，具有3个至许多个子叶，例如松属植物；双子叶胚具有两个子叶，是绝大多数的双子叶植物类所特有；单子叶胚，具有一个子叶，是单子叶植物类所特有。

八、附属器官及被毛

所谓附属器官是指植物体外部的，对于其营养上和生殖上无关重要的部分而言。属于这一类的如下：

1. 卷须

是由枝条变态而成或由枝条的顶端部分、花序柄、叶柄、复叶的上端部分小叶或托叶变成。卷须柔韧而旋转，有分叉的有不分叉的，一经触及别物即缠绕其上，是支持植物体的一种器官，例如葫芦科、葡萄科等的植物；又例如葡萄科的爬山虎属其卷须顶端还生有能吸附于他物上的吸盘。

2. 棘刺

是由枝条、叶柄、托叶或花序柄变成。皮刺，是由枝条、叶、花萼等等的表皮细胞形成。

3. 毛被

是指一切由表皮细胞形成的毛茸。植物表面被有的毛有如下的主要术语。

（1）无毛　指表面没有任何毛。

（2）平滑　平面光滑。

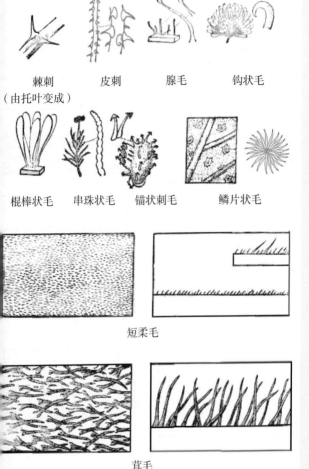

棘刺　　　　　皮刺　　　　　腺毛　　　　钩状毛
（由托叶变成）

棍棒状毛　　串珠状毛　　锚状刺毛　　　鳞片状毛

短柔毛

茸毛

（3）变无毛　初有毛，后来变无毛或几乎无毛。

（4）几乎无毛　基本上无毛，但用放大镜看仍有极稀疏、极细小的毛。

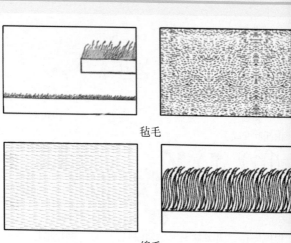

毡毛

绵毛

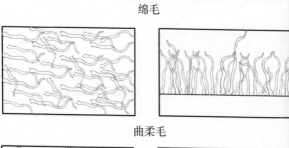

曲柔毛

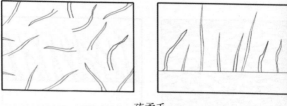

疏柔毛

（5）有毛　仅指有一般的毛，是"无毛"的反语。

（6）有腺毛　具有腺质的毛，或毛与毛状腺体混生。

（7）有短柔毛　具有极微细的柔毛，肉眼不易看出，在光线照视下才能看出。

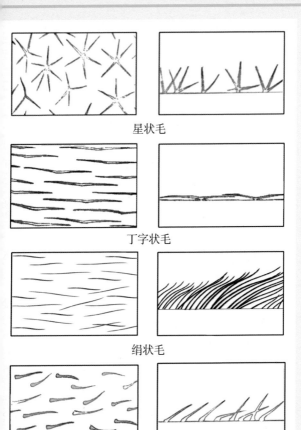

星状毛

丁字状毛

绢状毛

刚伏毛

（8）有茸毛　具有直立的密毛，成丝线状的。

（9）有毡毛　具有羊毛状卷曲、或多或少交织而贴伏成毡状。

（10）有短毡毛　毛较上项细小。

（11）有丛卷毛　具有成丛散布的长而柔软的毛，呈羊毛状，例如某些秋海棠属的种类。

（12）有蛛丝状毛　具有错综结合的如蜘蛛丝的毛被。

（13）有绵毛　具有长而柔软、密而卷曲缠结、但不贴伏的毛。

（14）有曲柔毛　具有较密的长而柔软、卷曲、但又是直立的毛。

（15）有疏柔毛　具有柔软的长而稍直的、直立而又不密的毛。

（16）有绢状毛　具有长而直的、柔软贴伏的、有丝绸光亮的毛。

（17）有刚伏毛　具有直立硬的、短而贴伏或稍稍翘起的、触之有粗糙感觉的毛。

（18）有硬毛　具有短的直立而硬、但触之没有粗糙感觉、无声、不易断的毛。

（19）有短硬毛　较上项的毛细小。

（20）有刚毛　有密而直立的、直或者多少有些弯的、触之粗糙、有声、易断的毛。

（21）有短刚毛　较上项的毛短细。

（22）有刺刚毛　与"有刚毛"项相似，但较稀疏。

（23）有短刺刚毛　较上项的毛短细，与"有短刚毛"项无甚区别。

（24）有睫毛　边缘有睫毛。

（25）有短睫毛　较上项的毛短。

（26）有羽状毛　具有羽状分枝的复毛。

（27）有星状毛　毛的分枝向四方辐射如星芒。

（28）有丁字状毛　毛的两分枝成一直线，恰似一根毛，而其着生点不在基端而在中央，成丁字状。

硬毛

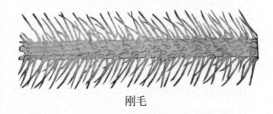

刚毛

（29）有盾状鳞片　有圆形的盾状着生的鳞片状毛。

（30）有皮屑状鳞片　有皮垢状而容易擦落的鳞片状毛。

（31）有锚状刺毛　毛的顶端或侧面生有若干倒向的刺，如紫草科某些种类的小坚果。

（32）有钩状毛　毛的顶端弯曲成钩状。

（33）有棍棒状毛　毛的顶端膨大。

（34）有猬状刺毛　有许多长而直、硬而尖的毛，例如栗子的壳斗。

（35）有串珠状毛　是多细胞毛，一列细胞之间变细狭，因而毛恰如一串珠子。

4.一些通常用来描述植物表面的术语

（1）有皮孔　有由于表皮破裂而形成的圆形到椭圆形而稍稍凸起的破裂口，常在枝条的表面上看到。

（2）有瘤状凸起的　即有小的、圆形的、小瘤样子的凸起。

（3）触之粗糙

（4）有网纹的

（5）有肿皱的

（6）有泡状肿皱的

（7）有乳头状凸起的

（8）有硬粒状凸起的

（9）有凹点的

（10）有蜂窝状凹眼的

（11）有针孔状凹点的

（12）有纵条纹的

（13）有纵沟的

（14）有环状沟纹的

（15）有不整齐网眼的

（16）有方窗格状穿孔的

（17）有黏液的

（18）有滑液的

（19）有方窗格状网的

（20）有白霜的

（21）有白粉的

（22）有白粉粒的

九、质　地

描写植物器官的质地，主要有如下的术语

（1）透明质的　薄而几乎是透明的。

（2）膜质的　薄而半透明的。

（3）草质的　薄而柔软，绿色，如大多数温带的阔叶乔木、阔叶灌木和草本的叶子。

（4）纸质的　如厚纸。

（5）革质的　如皮革的。

（6）软骨质的　硬而韧。

（7）干膜质　薄、干而膜质，脆，非绿色。

（8）木栓质的

（9）海绵质的

（10）角质的　如牛角质的。

（11）骨质的

（12）木质的

（13）肉质的　肥厚而多汁的。

（14）蜡质的

（15）纤维质的

（16）粉质的

蔷薇科

草本、灌木或乔木，落叶或常绿，有刺或无刺。冬芽常具数个鳞片，有时仅具2个。叶互生，稀对生，单叶或复叶，有托叶，稀无托叶。花两性，稀单性。通常整齐，周位花或上位花；花轴上端发育成碟状、钟状、杯状或圆筒状的花托（亦称萼筒），在花托边缘着生萼片、花瓣和雄蕊；萼片和花瓣同数，通常4~5，覆瓦状排列，稀无花瓣，萼片有时具副萼；雄蕊5至多数，稀1或2，花丝离生，稀合生；心皮1至多数，离生或合生，有时与花托连合，每心皮有1至数个直立的或悬垂的倒生胚珠；花柱与心皮同数，有时连合，顶生、侧生或基生。果实为蓇葖果、瘦果、梨果或核果，稀蒴果；种子通常不含胚乳，极稀具少量胚乳；子叶为肉质，背部隆起，稀对褶或呈席卷状。

本科许多种类具有经济价值，如苹果、梨、桃、樱桃、枇杷、草莓等都是著名的水果，扁桃仁和杏仁等都是著名的干果。桃仁、杏仁和扁核木仁等可以榨取油料；地榆、龙牙草等可入药。各种悬钩子和地榆的根可提取单宁；玫瑰、香水月季等的花可提取芳香挥发油；梨木可作优良雕刻板材，各种绣线菊、蔷薇、月季等可作园林观赏植物。

本科约有124属3 300余种，世界各地普遍分布，以北温带较多。我国约有51属1 000余种，分布于全国各地。经调查，甘南藏族自治州常见的蔷薇科植物共有17种，其中蔷薇属植物2种，峨眉蔷薇和扁刺蔷薇；绣线菊属植物1种，高山绣线菊；鲜卑花属植物1种，窄叶鲜卑花；栒子属植物1种，匍匐栒子；委陵菜属植物8种，金露梅、银露梅、蕨麻、二裂委陵菜、钉柱委陵菜、星毛委陵菜、多茎委陵菜和多裂委陵菜；草莓属植物1种，东方草莓；地榆属植物1种，地榆；路边青属植物1种，路边青；山莓草属植物1种，伏毛山莓草。

峨眉蔷薇 *Rosa omeiensis* 蔷薇科 蔷薇属

Emei Rose；é méi qiáng wēi；刺石榴

[植物形态]灌木①②；**小枝细弱，无刺或有扁而基部膨大的皮刺，幼嫩时常密被针刺或无针刺。羽状复叶，小叶9～13（17）枚；小叶片长圆形或椭圆状长圆形，边缘有锐锯齿③；**叶轴和叶柄有散生小皮刺；托叶大部贴生于叶柄，顶端离生部分呈三角卵形，边缘有齿或全缘。花单生于叶腋，无苞片；**花梗无毛；**萼片4，披针形，全缘，先端渐尖或长尾尖，外面近无毛，内面有稀疏柔毛；**花瓣4，白色①，**倒三角状卵形，先端微凹，基部宽楔形；花柱离生，被长柔毛，比雄蕊短。**果倒卵球形或梨形，亮红色②④，**果成熟时果梗肥大，萼片直立宿存。花期5～6月，果期7～9月。

[生境分布]除玛曲外甘南各市县均有分布；生于海拔1 400～3 000 m的阴坡、灌丛、沟谷等处。

[价　　值]花瓣、根、果实入药；具园林观赏价值。

扁刺蔷薇 *Rosa sweginzowii* 蔷薇科 蔷薇属

Flat Thorn Rose；biǎn cì qiáng wēi；油瓶子、野刺玫

[植物形态]灌木①②；小枝圆柱形，无毛或有稀疏短柔毛，具平**皮刺③，有时老枝常混有针刺。羽状复叶，**小叶7～11，小叶片椭圆形至卵状长圆形，先端急尖稀圆钝，基部近圆形或宽楔形，**边缘有重锯齿④；**小叶柄和叶轴有柔毛、腺毛和散生小皮刺；托叶大部贴生于叶柄，离生部分卵状披针形，先端渐尖，边缘有腺齿。**花单生或2～3朵簇生①；**苞片1～2，卵状披针形；**花梗具腺毛；**萼片卵状披针形；**花瓣粉红色①，**宽倒卵形，先端微凹，基部宽楔形；花柱离生，密被柔毛，比雄蕊短很多。**果长圆形或倒卵状长圆形，**先端具短颈，**紫红色，外面常有腺毛⑤，**果实成熟时果梗肥大，萼片直立宿存。花期6～7月，果期8～11月。

[生境分布]甘南各市县均有分布；生于海拔2 300～3 800 m的山坡路旁或灌丛等处。

[价　　值]果实入药；具园林观赏价值。

高山绣线菊 *Spiraea alpina* 蔷薇科 绣线菊属

Alpine Spiraea；gāo shān xiù xiàn jú

[植物形态]灌木，高50～120 cm①②；枝条直立或弯曲，小枝明显棱角，幼时被短柔毛，红褐色，老时灰褐色，无毛③。叶片多数簇生，线状披针形至长圆倒卵形，全缘，两面无毛，下面灰绿色，具粉霜，叶脉不明显；叶柄甚短或几无柄。总状花序伞形具短总梗④，花3～15；花梗长5～8 mm，无毛；苞片小、线形；萼筒钟状；萼片三角形；花瓣倒卵形或近圆形，先端圆钝或微凹，白色；雄蕊20，几与花瓣等长或稍短于花瓣④。蓇葖果开张⑤⑥，无毛或仅沿腹缝线具稀疏短柔毛。花期6～7月，果期8～9月。

[生境分布]甘南各市县均有分布；生于海拔2 000～4 000 m的向阳坡地、疏林灌丛等处。

[价　　值]花、叶入药；具园林观赏价值。

窄叶鲜卑花 *Sibiraea angustata* 蔷薇科 鲜卑花属

Narrowleaf Xianbei Flower；zhǎi yè xiān bēi huā

[植物形态]灌木，高达2～2.5 m①；小枝圆柱形，微具棱角，幼时微被短柔毛，暗紫色，老时光滑无毛，黑紫色②。当年生枝条叶互生，老枝条叶丛生，叶片窄披针形、倒披针形，稀长椭圆形②，长2～8 cm，宽1.5～2.5 cm，基部下延呈楔形，全缘，叶柄很短，不具托叶。穗状圆锥花序顶生，总花梗和花梗均密被短柔毛；花瓣宽倒卵形，先端圆钝，基部下延呈楔形，白色③；雄花具雄蕊20～25，着生在萼筒边缘；花盘环状；雌花具雌蕊5，花柱稍偏斜。蓇葖果直立，具宿存直立萼片④，果梗具柔毛。花期7～8月，果期8－9月。

[生境分布]甘南各市县均有分布；生于海拔2 500～3 900 m的高山草甸和灌丛，林缘及河边路旁等处。

[价　　值]叶、枝条、果序入药；具园林观赏价值。

匍匐栒子 *Cotoneaster adpressus* 蔷薇科 栒子属

Creeping Cotoneaster; pú fú xún zǐ; 栒子木、匍匐灰栒子

[植物形态]匍匐灌木①，茎不规则分枝，平铺地上；**小枝细瘦，圆柱形**，幼时具糙伏毛，老时脱落，**红褐色至暗灰色**。叶片宽卵形或倒卵形，稀椭圆形②，先端圆钝或稍急尖，基部楔形，边缘全缘而呈波状，上面无毛；托叶钻形，成长时脱落。花1～2，几无梗，萼筒钟状，外具稀疏短柔毛，内面无毛；萼片卵状三角形，外面有稀疏短柔毛，内面常无毛；**花瓣直立，倒卵形，宽几与长相等**，先端微凹或圆钝，粉红色；雄蕊10～15，短于花瓣；花柱2，离生；子房顶部有短柔毛。**果实近球形，鲜红色②，无毛，通常有2小核，稀3小核**。花期5～6月，果期8～9月。

[生境分布]碌曲、玛曲、夏河、合作、临潭及卓尼均有分布；生于海拔2 500～3 700 m的砾石山坡等处。

[价　　值]具园林绿化观赏价值。

金露梅 *Potentilla fruticosa* 蔷薇科 委陵菜属

Yellow-flower Shrubby Cinquefoil; jīn lù méi; 金老梅、药王茶

[植物形态]灌木①②，高0.5～2 m，**多分枝**。小枝红褐色，表皮纵向剥落。**羽状复叶③**，具小叶3～7，常5，疏被柔毛或近无毛，长圆形、倒卵长圆形或卵状披针形，全缘，基部楔形；托叶薄膜质，宽大；单花或数花生于枝顶，花梗密被长柔毛或绢毛；萼片卵圆形，副萼片披针形至倒卵状披针形，**顶端渐尖至急尖，与萼片近等长**，外面疏被绢毛；**花瓣黄色④**，宽倒卵形，顶端圆钝，比萼片长；瘦果近卵形，褐棕色⑤，**外被长柔毛**。花期6～7月，果期7～9月。

[生境分布]甘南州各市县均有分布；生于海拔1 000～4 000 m的高山灌丛、河谷阶地等处。

[价　　值]观赏灌木或矮篱；叶、果可提制烤胶；花、叶入药；幼嫩枝条和叶可作牧草；藏民广泛用作建筑材料，填充在屋檐下或门窗上下。

银露梅 *Potentilla glabra* 蔷薇科 委陵菜属

White-flower Shrubby Cinquefoil; yín lù méi; 银老梅、百花棍儿茶

[植物形态]灌木①，高0.3~2m，稀达3m，羽状复叶，具5小叶，小叶椭圆形、倒卵状椭圆形或卵状椭圆形②，顶端圆钝或急尖，基部楔形或几圆形，边缘平坦或微向下反卷，全缘；托叶薄膜质，外被疏柔毛或脱落几无毛。**顶生单花或数花②③**，花直径1.5~2.5cm，花梗细长，被疏柔毛；萼片卵形，顶端急尖或短渐尖，副萼片披针形、倒卵披针形或卵形，**常短于萼片或近等长**，外面被疏柔毛；**花瓣5，白色③**，倒卵形。瘦果④。花期6-8月，果期8-9月。

[生境分布]甘南州各市县均有分布；生于海拔1400~4200m的灌丛、林缘及河谷阶地等处。

[价　　值]观赏灌木或矮篱；叶、果可提制烤胶；花、叶入药；幼嫩枝条和叶可作牧草；藏民广泛用作建筑材料，填充在屋檐下或门窗上下。

蕨麻 *Potentilla anserina* 蔷薇科 委陵菜属

Silverweed Cinquefoil; jué má; 人参果、蕨麻委陵菜、鹅绒委陵菜

[植物形态]多年生草本①②。根向下延伸，在根的下部膨大呈纺锤形或椭圆形块根。**匍匐茎细长，节上生根**，外被伏生或半开展疏柔毛或脱落几无毛。基生叶为羽状复叶③，小叶3~13对，对生或互生，椭圆形、倒卵椭圆形或长椭圆形，边缘有多数尖锐锯齿或呈裂片状，上面绿色，下面密被紧贴银白色绢毛④，茎生叶与基生叶相似，唯小叶对数较少。花单生于匍匐茎的叶腋，**花瓣黄色②⑤**，倒卵形、顶端圆形，比萼片长1倍；**花柱侧生**。花果期6-9月。

[生境分布]甘南各市县均有分布；生于海拔1500~3800m的高寒草甸、路旁及畜圈滩等处。

[价　　值]杂类草；蜜源植物；块根可作食物，酿酒、入药；茎叶可作染料。

二裂委陵菜 *Potentilla bifurca* 蔷薇科 委陵菜属

Bifurcate Cinquefoil；èr liè wěi líng cài；痔疮草、叉叶委陵菜

[植物形态]多年生草本①。根圆柱形，纤细，木质化。花茎直立或斜生，高5~20cm，密被疏柔毛或微硬毛。羽状复叶，小叶5~8对②，最上面2~3对小叶基部下延与叶轴汇合，连叶柄长3~8cm；叶柄密被疏柔毛或微硬毛，小叶对生稀互生，椭圆形或倒卵椭圆形，顶端常2裂，稀3裂②，基部楔形或宽楔形，两面绿色，伏生疏柔毛②；茎生叶小叶3~7片，托叶草质，卵状椭圆形，常全缘稀有齿。近伞房状聚伞花序，有花3~5朵，顶生；萼片卵圆形，副萼片椭圆形；花瓣5，黄色③，倒卵形；瘦果。花期5-8月，果期8-10月。

[生境分布]甘南各市县均有分布；生于海拔1500~3600m的干旱山坡草地及路旁等处。

[价　　值]杂类草；全草入药。

钉柱委陵菜 *Potentilla saundersiana* 蔷薇科 委陵菜属

Saundersiana Cinquefoil；dīng zhù wěi líng cài；

[植物形态]多年生草本①。根粗壮，圆柱形。花茎直立或斜生，高10~20cm，被白色绒毛及疏柔毛。基生叶通常3~5枚掌状复叶②，被白色绒毛及疏柔毛；小叶长圆倒卵形，顶端圆钝或急尖，基部楔形，边缘有多数缺刻状锯齿，齿顶端急尖或微钝，上面绿色，伏生稀疏柔毛，下面密被白色绒毛，沿脉伏生疏柔毛③，茎生叶3~5，与基生叶小叶相似；基生叶托叶膜质，褐色，外面被白色长柔毛或脱落几无毛，茎生叶托叶草质，绿色，卵形或卵状披针形，下面被白色绒毛及疏柔毛。聚伞花序顶生④，花多数，外被白色绒毛；萼片三角卵形或三角披针形，副萼片披针形；花瓣黄色，倒卵形，顶端下凹④；瘦果卵形⑤。花期6-7月，果期8月。

[生境分布]碌曲、玛曲、夏河、合作、临潭、卓尼均有分布；分布于海拔2600m以上的高寒草甸等处。

[价　　值]杂类草；全草入药。

星毛委陵菜 *Potentilla acaulis* 蔷薇科 委陵菜属

Stemless Cinquefoil；xīng máo wěi líng cài；无茎委陵菜

[植物形态]多年生草本①②，高2～15cm，植株灰绿色。根圆柱形，多分枝。花茎丛生，密被星状毛及开展微硬毛。基生叶掌状3出复叶，小叶倒卵椭圆形或菱状倒卵形，顶端圆钝，基部楔形，每边有4～6个圆钝锯齿，两面灰绿色，密被星状毛及开展微硬毛，下面沿脉较密②③；茎生叶1～3，小叶与基生小叶相似；基生叶托叶膜质，淡褐色，被星状毛及开展微硬毛，茎生叶托叶草质，灰绿色，带形或带状披针形，外被星状毛。花单生或2～3朵排成聚伞花序，密被星状毛及疏柔毛；萼片三角卵形，副萼片椭圆形，外面密被星状毛及疏柔毛；花瓣5，黄色、倒卵形，顶端微凹或圆钝，瘦果近肾形。花果期6～9月。

[生境分布]迭部、舟曲、夏河、合作、临潭、卓尼均有分布；分布于海拔1500～3000m的干旱山坡等处。

[价　　值]杂类草。

多茎委陵菜 *Potentilla multicaulis* 蔷薇科 委陵菜属

Multicaulis Cinquefoil；duō jīng wěi líng cài；猫爪子

[植物形态]多年生草本①②。根木质化圆柱形。茎常倾斜或弧形上升，常带暗红色，被白色长柔毛或短柔毛。基生叶为羽状复叶，有小叶4～6对，稀达8对③，叶柄暗红色，被白色长柔毛，小叶对生稀互生，椭圆形至倒卵形，边缘羽状深裂③，上面绿色，主脉侧脉微下陷，被稀疏伏生柔毛，稀脱落几无毛，下面被白色绒毛，脉上疏生白色长柔毛，茎生叶与基生叶形状相似，惟小叶对数较少；基生叶托叶膜质，棕褐色，外面被白色长柔毛；茎生叶托叶草质，绿色，全缘，卵形，顶端渐尖。聚伞花序，初开时密集，花后疏散；萼片三角卵形，副萼片狭披针形；花瓣黄色，倒卵形或近圆形；瘦果卵球形有皱纹。花果期6～9月。

[生境分布]甘南各县市均有分布；生于海拔1500～3800m的向阳山坡等处。

[价　　值]杂类草。

多裂委陵菜 *Potentilla multifida* 蔷薇科 委陵菜属

Multifid Cinquefoil; duō liè wěi líng cài; 细叶委陵菜、白马肉

[植物形态]多年生草本①。根圆柱形，木质化②。茎斜生，高12～40 cm，被紧贴或开展短柔毛或绢状柔毛。**基生叶羽状复叶，小叶3～5对，稀6对；**小叶对生稀互生，羽状深裂几达中脉，长椭圆形或宽卵形③，向基部逐渐减小，裂片带形或带状披针形，顶端舌状或急尖，边缘向下反卷，上面伏生短柔毛，下面被白色绒毛，沿脉伏生绢状长柔毛；茎生叶2～3，与基生叶形状相似，惟小叶对数向上逐渐减少；基生叶托叶膜质，褐色，外被疏柔毛，或脱落几无毛；茎生叶托叶草质，绿色，卵形或卵状披针形，顶端急尖或渐尖，二裂或全缘。**聚伞花序伞房状**，花后花梗伸长离散；萼片三角状卵形，副萼片披针形或椭圆披针形；**花瓣黄色，倒卵形，顶端微凹。**瘦果④。花期6～9月。

[生境分布]甘南各县市均有分布；生于海拔2 000～4 500 m的山坡草地、沟谷及林缘等处。

[价　　值]杂类草；全草入药。

东方草莓 *Fragaria orientalis* 蔷薇科 草莓属

Oriental Strawberry; dōng fāng cǎo méi

[植物形态]多年生草本，高5～30 cm①。**匍匐茎细长，节上生根；**茎被开展柔毛，上部较密，下部有时脱落。**三出复叶，小叶几无柄，倒卵形或菱状卵形②，**顶生小叶基部楔形，侧生小叶基部偏斜，边缘有缺刻状锯齿②。**聚伞状花序**，花1～6朵，基部苞片淡绿色或有一具柄小叶，被开展柔毛。萼片卵圆披针形，副萼片线状披针形；**花瓣5，白色；**雄蕊18～22；雌蕊多数。花托成熟时肉质。聚合果半圆形，成熟后鲜红色，宿存萼片开展或微反折；**瘦果卵形，表面脉纹明显或仅基部具皱纹②。**花期5～7月，果期7～9月。

[生境分布]甘南各市县均有分布；生于海拔1 300～3 800 m的林缘及阴湿沟谷等处。

[价　　值]果实食用。

地榆 *Sanguisorba officinalis* 蔷薇科 地榆属

Official Burnet；dì yú；黄瓜香、玉札、山枣子

[植物形态]多年生草本①，高30～120 cm。根粗壮，多呈纺锤形，表面棕褐色或紫褐色，有纵皱及横裂纹。茎直立，具棱。基生叶为羽状复叶，小叶4～6对②，卵形或长圆状卵形，顶端圆钝稀急尖，基部心形至浅心形，边缘有多数粗大圆钝稀急尖的锯齿；茎生叶较少，小叶长圆形至长圆披针形，狭长，基部微心形至圆形；基生叶托叶膜质，褐色，茎生叶托叶草质，半卵形。穗状花序椭圆形、圆柱形或卵球形，直立，从花序顶端向下开放；苞片膜质，披针形，背面及边缘有柔毛；萼片4，紫红色，花瓣状，椭圆形至宽卵形，背面被疏柔毛；无花瓣；雄蕊4，花柱比雄蕊短。果实包藏在宿存萼筒内，瘦果褐色③。花果期7～10月。

[生境分布]甘南各市县均有分布；生于海拔2400 m以上的草甸阴坡、疏林灌丛及路旁等处。

[价　　值]根入药、提制栲胶；嫩叶可食；又作代茶饮。

路边青 *Geum aleppicum* 蔷薇科 路边青属

Yellow Avens；lù biān qīng；水杨梅、兰布政

[植物形态]多年生草本①。须根簇生。茎直立，高30～100 cm，被开展粗硬毛②。基生叶为大头羽状复叶，通常有小叶2～6对③，叶柄被粗硬毛，顶生小叶最大，菱状广卵形或宽扁圆形，边缘常浅裂，有不规则粗大锯齿，锯齿急尖或圆钝，两面疏生粗硬毛；茎生叶羽状复叶，有时重复分裂，顶生小叶披针形或倒卵披针形；茎生叶托叶叶状，边缘有不规则粗大锯齿。花序顶生，排列疏散，花梗被短柔毛或微硬毛；萼片卵状三角形，副萼片披针形；花瓣黄色④，几圆形；花柱顶生，在上部1/4处扭曲，成熟后自扭曲处脱落；宿存花柱先端有长钩刺，聚合果倒卵球形⑤；果托被短硬毛。花果期7～10月。

[生境分布]甘南各市县均有分布；生于海拔2000～3500 m的山坡、沟边、河滩、林缘等处。

[价　　值]杂类草，全草入药。

伏毛山莓草 *Sibbaldia adpressa* 蔷薇科 山莓草属

Adpressedhairy Wildberry；fú máo shān méi cǎo

[植物形态] 多年生草本。根多分枝。茎矮小，丛生，高 **1.5 ~ 12 cm①②，被绢状糙伏毛。基生叶为羽状复叶，小叶2对**，上面一对小叶基部下延与叶轴汇合，有时混生有3小叶，叶柄被绢状糙伏毛；顶生小叶片，**倒披针形或倒卵长圆形，有（2或）3齿，极稀全缘，侧生小叶全缘**，披针形或长圆披针形，上面暗绿色，下面绿色，被绢状糙伏毛；茎生叶1 ~ 2，与基生叶相似；基生叶托叶膜质，暗褐色，茎生叶托叶草质，绿色，披针形。**聚伞花序数朵，或单花顶生③；花5数；萼片三角卵形③，副萼片长椭圆形；花瓣黄色或白色，倒卵长圆形；雄蕊10枚③**。瘦果，表面有显著皱纹。花果期6-9月。

[生境分布] 甘南各市县均有分布，常生于海拔1 500 ~ 4 000 m的向阳山坡等处。

[价　　值] 杂类草。

禾本科

植物体木本状（竹类和某些高大禾草）或草本。根多为须根。茎（在本科中称作"秆"，竹类称"竿"）多直立，亦有匍匐蔓延，通常在其基部生出分蘖条，一般明显地具节与节间两部分；节间中空，常为圆筒形，或稍扁，髓部贴生于空腔之内壁，但亦有充满空腔而使节间为实心者；节处之内有横隔板，从外表可看出鞘环和在鞘上方的秆环两部分，同一节的这两环间的上下距离称为节内，秆芽即生于此处。叶为单叶互生，常以1/2叶序交互排列为2行，一般可分3部分：①叶鞘，它包裹着主秆和枝条的各节间，通常是开缝的，其两边缘重叠覆盖，或两边缘愈合成为封闭的圆筒，鞘的基部稍膨大；②叶舌，位于叶鞘顶端和叶片相连接处的近轴面，通常为低矮的膜质薄片，或由鞘口缝毛来代替，稀为不明显乃至无叶舌，在叶鞘顶端之两边还可各伸出突出体，即叶耳，其边缘常生纤毛或缝毛；③叶片，常为窄长的带形、披针形、长圆形、卵圆形或卵形，其基部直接着生在叶鞘顶端，无柄（少数禾草及竹类的营养叶具叶柄），叶片有近轴（上表面）与远轴（下表面）的两个平面，在未开展或干燥时可作席卷状，有1条明显的中脉和若干条与之平行的纵长次脉或小横脉。

花风媒，只有热带雨林下的某些草本竹类可罕见虫媒传粉；花常无柄，在小穗轴上交互排列为2行（多花明显）形成小穗，由它们再组合成为着生在秆端或枝条顶端的各式复合花序，有一部分竹类的小穗直接着生在竿和枝条的节处（即为无真正的花序而仅有花枝），小穗轴为短缩的花序轴，在其节处生有苞片和先出叶各1片，若其最下方数节只生苞片，则此苞片就可称为颖，而陆续在上方的各节除有苞片和位于近轴的先出叶外，还在两者之间具备一些花的内容，此时苞片称为外稃，先出叶相应地称为内稃，通常将此两稃片连同所包含的花部各器官统称为小花。以一朵两性小花为例，包含：①外稃：通常呈绿色，有膜质、草质、薄革质、革质、软骨质等各种质地，先端渐尖、急尖、钝圆、截平、微凹或二裂，常具平行纵脉，主脉可伸出乃至成芒；②内稃：常较短小，质地亦较薄，先端多呈截平或微凹，背部具2脊，亦有若干平行纵脉，其2脊可伸出成小尖头或短芒；③鳞被（浆片）：为轮生的退化内轮花被片，2或3片，稀可较多或不存在，形小，膜质透明，下部具脉纹，上缘生小纤毛；④雄蕊：1~6枚，下位，具纤细的花丝与二室纵裂开或顶端孔裂的花药，花药成熟时能伸出花外而摆动，用以散布花粉；⑤雌蕊1，具无柄或稀有柄的子房（一子室），花柱2或3（稀1或更多），其上端生有羽毛状或帚刷状的柱头，子室内仅含1粒倒生胚珠，它直立在近轴面（即靠近内稃）一侧的底部。果实通常多为颖果，果皮薄且与种皮愈合，一般连同包裹它的稃片合称为谷粒。种子通常含有丰富的淀粉质胚乳及胚体，胚体位于果实或种子远轴面（即靠近外稃）的基部，在另一侧或其基部肉眼可见线形或点状的种脐，通常线形种脐亦称为腹沟。

　　已知本科约有700属，近10 000种，是单子叶植物中仅次于兰科的第二大科，但在分布上更为广泛而且个体远为繁茂，它更能适应各种不同类型的生态环境，可以说，凡是地球上有种子植物生长的场所皆有禾本科植物的踪迹。经调查，甘南常见禾本科植物共31种，其中针茅属3种，异针茅、紫花针茅及克氏针茅；早熟禾属4种，早熟禾、草地早熟禾、波伐早熟禾、西藏早熟禾；沿沟草属1种，沿沟草；雀麦属2种，旱雀麦和无芒雀麦；披碱草属4种，麦宾草、垂穗披碱草、黑紫披碱草和老芒麦；狼尾草属1种，白草；芨芨草属2种，芨芨草和醉马草；发草属2种，滨发草和发草；短柄草属1种，小颖短柄草；异燕麦属1种，藏异燕麦；羊茅属2种，中华羊茅和紫羊茅；鹅观草属2种，垂穗鹅观草和硬秆鹅观草；拂子茅属1种，假苇拂子茅；落草属1种，落草；冰草属1种，冰草；茵草属1种，茵草；赖草属1种，窄颖赖草；细柄茅属1种，双叉细柄茅。

异针茅 *Stipa aliena* 禾本科 针茅属

Aliena Needlegrass；yì zhēn máo

[植物形态]多年生草本①，须根坚韧。秆高20～40 cm，具1～2节。叶鞘光滑，长于节间；叶舌顶端钝圆或2裂，背部具微毛；叶片纵卷成线形，上面粗糙，下面光滑，基生叶长为秆高1/2或2/3。**圆锥花序**，长10～15 cm，**分枝单生或孪生**，斜升，上部着生1～3个小穗；小穗柄长2～10 mm（顶生者长达2 cm）；**小穗灰绿而带紫色**；颖披针形，先端细渐尖，具5～7脉；**外稃背部遍生短毛，具5脉**，基盘尖锐，密生短毛，芒两回膝曲扭转②，第一芒柱长4～5 mm，具长柔毛，第二芒柱与第一芒柱几等长，被微毛，**芒针长1～1.6 cm，无毛**②；内稃与外稃等长，具2脉，背部具短毛；颖果圆柱形，具浅腹沟。花果期7-9月。

[生境分布]甘南各市县均有分布；生于海拔2 900～4 600 m的阳坡草甸及河谷阶地等处。

[价　　值]牧草。

紫花针茅 *Stipa purpurea* 禾本科 针茅属

Purpleflower Needlegrass；zǐ huā zhēn máo

[植物形态]多年生草本，须根。秆丛生，高20～45 cm①②，具1～2节，基部宿存枯叶鞘。叶鞘平滑无毛，长于节间；基生叶舌短钝，长约1 mm，秆生叶舌披针形，长3～6 mm，两侧下延与叶鞘边缘结合，均具有极短缘毛；**叶片纵卷如针状**，下面微粗糙，基生叶长为秆高1/2。**圆锥花序简短**①②，基部常包藏于叶鞘内，长可达15 cm，单生或孪生分枝；小穗紫色；颖披针形③，先端长渐尖，长1.3～1.8 cm，**具3脉**（基部或有短小脉纹）；外稃长1 cm，**背部遍生细毛**，顶端与芒相接处具关节，基盘尖锐，长约2 mm，被柔毛，**芒两回膝曲扭转**，第一芒柱长1.5～1.8 cm，遍生柔毛；内稃背面亦具短毛。颖果。花果期7-10月。

[生境分布]碌曲、玛曲、夏河及合作均有分布；生于海拔2 600～3 900 m的亚高山草甸等处。

[价　　值]牧草。

克氏针茅 *Stipa sareptana* 禾本科 针茅属

Krylov Needlegrass；kè shì zhēn máo；西北针茅、阿尔泰针茅

[植物形态]多年生草本。秆直立，丛生，高30～60（90）cm①。叶鞘光滑；叶舌披针形，白色，膜质；基生叶长达30cm，茎叶长10～20cm。圆锥花序10～25cm，基部包于叶鞘内①，分枝细弱，2～4枝簇生；小穗稀疏，颖披针形，草绿色，成熟后淡紫色，光滑，先端白色，膜质，长20～28mm，第一颖略长，具脉，第二颖稍短，具4～5脉；外稃长9～11.5mm，顶端关节处被短毛，基盘尖锐，长约3mm，密被白色柔毛；芒二回膝曲，无毛，第一芒柱扭转，长2～2.5cm，第二芒柱长约1cm，芒针丝状弯曲②，长7～12cm。

[生境分布]甘南各市县均有分布；生于海拔2 000～4 000m的亚高山草甸、山地草原及草原化草甸等处。

[价　　值]牧草。

早熟禾 *Poa annua* 禾本科 早熟禾属

Annual Bluegrass；zǎo shú hé

[植物形态]一年生或越年生。秆平卧，质软，高6～30cm，全株平滑无毛①②③。叶鞘稍压扁，中部以下闭合；叶舌长1～5mm，圆头；叶扁平对折，质地柔软，常有横脉纹，顶端急尖呈船形，边缘微粗糙。圆锥花序开展；分枝1～3枚着生各节，平滑；小穗卵形，含3～5小花，长3～6mm，绿色②，霜冻小穗带紫色④；颖质薄，具宽膜质边缘，顶端钝，第一颖披针形，长1.5～3mm，具1脉，第二颖长2～4mm，具3脉；外稃卵圆形，顶端与边缘宽膜质，具明显的5脉，脊与边脉下部具柔毛，间脉近基部有柔毛，基盘无绵毛，第一外稃长3～4mm；内稃与外稃近长，两脊密生丝状毛；花药黄色。颖果纺锤形。花果期6～7月。

[生境分布]甘南各市县均有分布；生于海拔1 500～3 800m的路旁及阴湿地等处。

[价　　值]牧草。

草地早熟禾 *Poa pratensis* 禾本科 早熟禾属

Kentucky Bluegrass；cǎo dì zǎo shú hé

[植物形态]多年生，具发达的匍匐根状茎①②。秆疏丛生，直立，高50～90 cm，具2～4节。叶鞘平滑或糙涩，长于节间，并较叶片长；叶舌膜质，长1～2mm，蘖生者较短；叶片线形，扁平或内卷，长30cm左右，宽3～5mm，顶端渐尖，平滑或边缘与上面微粗糙，蘖生叶片较狭长。圆锥花序金字塔形或卵圆形③④，长10～20cm，宽3～5cm；分枝展开，每节3～5枚，微粗糙或下部平滑，二次分枝，小枝上着生3～6枚小穗，基部主枝长5～10cm，中部以下裸露；小穗柄较短，**小穗卵圆形，绿色至紫色**③④，含3～5小花，长4～6mm；颖卵圆状披针形，顶端尖，平滑，有时脊上部微粗糙，第一颖长2.5～3mm，具1脉，第二颖长3～4mm，具3脉；外稃顶端稍钝，多少膜质，脊与边脉在中部以下密生柔毛，间脉明显隆起，**基盘具稠密长绵毛；第一外稃长3～3.5mm；内稃较短于外稃，脊粗糙至具小纤毛；花药长1.5～2mm。**颖果纺锤形。花期6～7月，果期8～9月。

[生境分布]玛曲、碌曲、夏河、合作均有分布；生于海拔3 000～3 500 m的高寒草甸等处。

[价　　值]牧草。

波伐早熟禾 *Poa poophagorum* 禾本科 早熟禾属

Poophagorum Bluegrass；bó fá zǎo shú hé

[植物形态]多年生，**密丛**①。秆矮小，高15～18 cm。叶鞘疏松；叶舌长2～3.5mm；**叶片扁平，对折或内卷**，长达6cm，宽1.5 mm，直伸，**两面粗糙，多少灰黄色**。圆锥花序狭窄②，长2～5cm，宽0.5～1.5cm；分枝短，粗糙；小穗紫色，具2～4花，长3～5mm；小穗轴无毛或微粗糙，有时被微毛；**两颖近等长**，第一颖长约2.5mm，第二颖长约3mm，均具3脉，**带紫色，脊微粗糙；外稃纸质**，先端与边缘窄膜质，黄色，其下为紫色，具脉，全部无毛，稀在脊与边脉下部稍有微毛，**基盘无绵毛**，第一外稃长2.6～3.2mm；内稃两脊粗糙，花药长1.5～2 mm。花果期-9月。

[生境分布]玛曲、碌曲、夏河、合作均有分布；生于海拔3 000～4 000m的亚高山草甸和灌丛草甸等处。

[价　　值]牧草；可作草坪草。

西藏早熟禾 *Poa tibetica* 禾本科 早熟禾属

Tibetan Bluegrass；xī zàng zǎo shú hé

[植物形态] 多年生，具匍匐横走或下伸的根状茎。秆高20～90cm，下部具1～2节①。茎生叶鞘平滑无毛，长于节间；叶舌膜质，顶端钝圆，叶片长4～7cm，宽3～4mm，质地较厚，常对折，下面平滑无毛，上面与边缘微粗糙，顶端尖；蘖生叶片扁平，长12～18cm。**圆锥花序紧缩成穗状②**，平滑无毛，每节具2～4分枝，基部主枝长2～4cm，下部裸露，侧枝自基部着生小穗；**小穗含3～5花，长达12mm，黄绿色或稍带紫色②**；颖具狭膜质边缘，顶端尖或钝，第一颖长2.5～3.5mm，狭窄，具1脉，第二颖长4～5mm，具3脉，脊先端微粗糙，下部边缘具短纤毛；外稃较宽，长圆形，顶端及边缘多少具膜质，间脉不明显，脊与边脉的中部以下具细直的长柔毛，脊与脉间上部微粗糙或贴生微毛，基盘无毛，第一外稃长4～5mm；内稃与外稃等长或稍短，两脊上部粗糙，下部1/3平滑无毛，顶端2浅裂；花药长约2mm，紫色。花果期7～10月。

[生境分布]碌曲、玛曲均有分布；生于海拔3 000～3 500m的沼泽草甸等处。

[价　　值]牧草。

沿沟草 *Catabrosa aquatica* 禾本科 沿沟草属

yán gōu cǎo

[植物形态]多年生。**秆柔弱，质地柔软，高20～70cm，基部有横卧或斜升的长匍匐茎，于节处生根①②③**。叶鞘闭合达中部，松弛，光滑，上部者短于节间；**叶舌透明膜质，顶端钝圆；叶片柔软，扁平，两面光滑无毛，顶端呈舟形。圆锥花序开展③④**；分枝细长，斜升或稀与主轴垂直，在基部各节多成半轮生，主枝长2～6cm，基部裸露，或具排列稀疏的小穗；**小穗绿色、褐绿色或褐紫色④**，含小花1～2（3）；颖半透明膜质，近圆形至卵形，顶端钝圆或近截平，有时锐尖，第一颖长0.5～1.2mm，第二颖长1～2mm，脉不清晰；外稃边缘及脉间质薄，长2～3mm，顶端平常呈啮齿状，具隆起并不在顶端汇合的3脉，脉间及边缘质薄，光滑无毛；内稃与外稃近等长，具2脊，无毛；花药黄色，长约1mm。颖果纺锤形。花果期6～9月。

[生境分布]甘南各市县均有分布；多生于2 500～3 300m的河边、池沼及水溪边等处。

[价　　值]牧草。

旱雀麦 *Bromus tectorum* 禾本科 雀麦属

Cheatgrass Brome；hàn què mài

[植物形态]一年生。秆光滑，高20～60 cm，具2～3节①②③。叶鞘生柔毛；叶舌长约2 mm；叶片长5～15 cm，宽2～4 mm，被柔毛。圆锥花序开展，下部节具3～5分枝；分枝细弱粗糙，有柔毛，多弯曲，着生4～8小穗；小穗密集，偏生于一侧②④，下垂，含4～8小花，长10～18 mm；小穗轴节间长2～3 mm；颖狭披针形，边缘膜质，第一颖长5～8 mm，具1脉，第二颖长7～10 mm，具3脉；外稃长9～12 mm，具7～9脉，粗糙或生柔毛，先端渐尖，边缘薄膜质，有光泽，芒细直，自二裂片间伸出，长10～15 mm；内稃短于外稃，脊具纤毛。颖果长7～10 mm，贴生于内稃。花果期6～9月。

[生境分布]除舟曲、迭部外甘南各市县均有分布；分布于海拔2 600～3 400 m的田埂、撂荒地等处。

[价　　值]牧草。

无芒雀麦 *Bromus inermis* 禾本科 雀麦属

Smooth Brome；wú máng què mài

[植物形态]多年生，具横走根状茎。秆直立，疏丛，高50～120 cm①，无毛或节下具倒毛。叶鞘闭合，无毛或有短毛；叶舌长1～2 mm；叶片扁平，长20～30 cm，宽4～8 mm，先端渐尖，两面与边缘粗糙，无毛或边缘疏生纤毛。圆锥花序长10～20 cm，较密集②，花后开展；分枝长达10 cm，微粗糙，着生2～6枚小穗，3～5枚轮生于主轴各节；小穗紫色②，含花6～12，长15～25 mm；小穗轴节间长2～3 mm，生小刺毛；颖披针形，具膜质边缘，第一颖长4～7 mm，具1脉，第二颖长6～10 mm，具3脉；外稃长圆状披针形，长8～12 mm，具5～7脉，无毛，基部微粗糙，顶端无芒，钝或浅凹缺；内稃膜质，短于其外稃，脊具纤毛。颖果长圆形，褐色。花果期7～9月。

[生境分布]碌曲、玛曲均有分布；分布于海拔2 000～3 500 m的高寒草甸、河边及路旁等处。

[价　　值]牧草，防风固沙优良植物。

麦宾草 *Elymus tangutorum* 禾本科 披碱草属

Tangut Wildrye Grass；mài bīn cǎo

[植物形态]多年生，植株粗壮①，秆高达140 cm，基部呈膝曲状②。叶鞘光滑；叶片扁平，长10~20 cm，宽6~14 mm，两面粗糙或上面疏生柔毛，下面平滑。**穗状花序直立较紧密③，小穗有时稍偏于1侧，长15~22 cm，粗8~12 mm，穗轴边缘具小纤毛，通常每节具有2~3枚而接近先端各节仅1枚小穗；小穗绿色稍带有紫色③，长9~15 mm，含3~4小花；颖披针形至线状披针形，长7~10 mm，具5~7脉，脉明显而粗糙或可被有短硬毛，先端渐尖，具长1~3 mm的短芒；外稃披针形，全体无毛或仅上半部被有微小短毛，具5脉，脉在上部明显，第一外稃长8~12 mm，顶生1直立粗糙的芒，芒长3~11 mm；内稃与外稃等长，先端钝头，脊上具纤毛。**

[生境分布]除舟曲外甘南各市县均有分布；多生于海拔2 700~4 000 m的撂荒地及田边等处。

[价　　值]牧草。

垂穗披碱草 *Elymus nutans* 禾本科 披碱草属

Drooping Lymegrass；chuí suì pī jiǎn cǎo

[植物形态]多年生，丛生，秆直立，基部膝曲状，高50~70 cm①。**基部和根出的叶鞘具柔毛；叶片扁平①，上面有时疏生柔毛，下面粗糙或平滑，长6~8 cm，宽3~5 mm。穗状花序较紧密，通常在1~2小穗处弯折下垂②，长5~12 cm，穗轴边缘粗糙或具小纤毛；小穗绿色，成熟后带有紫色，常具短柄，排列多少偏于穗轴1侧②，含3~4小花；颖长圆形，长4~5 mm，2颖相等，先端渐尖或具长1~4 mm的短芒，具3~4脉，脉明显而粗糙；外稃长披针形，全部被微小短毛，具5脉，脉在基部不明显，第一外稃长约10 mm，顶端延伸成芒，芒粗糙，向外反曲或稍展开，长12~20 mm；内稃与外稃等长，先端钝圆或截平，脊上具纤毛，其毛向基部渐次不显，脊间被稀少微小短毛。**花果期7~10月。

[生境分布]除舟曲外甘南各市县均有分布；多生于海拔2 700~4 000 m的高寒草甸、疏林灌丛及道旁等处。

[价　　值]牧草。

黑紫披碱草 *Elymus atratus* 禾本科 披碱草属

Atratus' Lymegrass；hēi zǐ pī jiǎn cǎo

[植物形态]多年生，疏丛生。秆直立，较细弱，高40～60cm①，基部膝曲。叶鞘光滑无毛；叶片多少内卷，长3～10cm，宽仅2mm，两面均无毛，或基生叶上面有时被柔毛。**穗状花序较紧密，曲折而下垂**①，长5～8cm；小穗多少偏于1侧，**成熟后变成黑紫色**②，长8～10mm，含2～3小花，仅1～2小花发育；颖甚小，长2～4mm，狭长圆形或披针形，先端渐尖，稀具长约1mm的小尖头，具1～3脉，主脉粗糙，侧脉不明显；外稃披针形，全部密被柔毛，具5脉，脉在基部不明显，第一外稃长7～8mm，顶端延伸成芒，芒粗糙，反曲或展开；内稃与外稃等长，先端钝圆，脊上具纤毛。

[生境分布]碌曲、玛曲均有分布；多生于海拔3000～3700m的高寒草甸等处。

[价　　值]牧草。

老芒麦 *Elymus sibiricus* 禾本科 披碱草属

Siberian Wildrye Grass；lǎo máng mài

[植物形态]多年生，**秆丛生，高60～120cm**，基部膝曲①。叶鞘光滑无毛；叶片扁平，有时上面被短柔毛，长10～20cm，宽5～10mm。**穗状花序较疏松而下垂**，长15～20cm，通常每节具2枚小穗，有时基部和上部的各节仅具1枚小穗；穗轴边缘粗糙或具小纤毛；**小穗灰绿色或稍带紫色，小穗无短柄**，排列不偏于穗轴一侧②，含3～5小花；**颖狭披针形**，长4～5mm，具3～5明显的脉，脉上粗糙，背部无毛，先端渐尖或具长达4mm的短芒；外稃披针形，背部粗糙无毛或全部密生微毛，具5脉，脉在基部不太明显，第一外稃长8～11mm，顶端芒粗糙，长15～20mm，稍展开或反曲；内稃几与外稃等长，先端2裂，脊上全部具小纤毛。

[生境分布]碌曲、玛曲均有分布；多生于海拔2700～4500m的高寒草甸及路旁等处。

[价　　值]牧草。

白草 *Pennisetum centrasiaticum* 禾本科 狼尾草属

Centrasiaticum Grass；bái cǎo

[植物形态] 多年生①。具横走根状茎。秆丛生，高30～120 cm③。叶鞘疏松包茎，近无毛，上部短于节间；叶舌短，具长1～2 mm的纤毛；叶片狭线形，两面无毛。**圆锥花序紧密，直立或稍弯曲②④**；主轴具棱角，无毛或罕疏生短毛；刚毛状小枝灰绿色或褐紫色，长1～2 cm，小穗长5～7 mm，单生或2～3枚簇生于刚毛状小枝组成的总苞内，成熟时与它一起脱落；**小穗通常单生，卵状披针形，含2小花**；第一颖微小，先端钝圆、锐尖或齿裂，脉不明显；第二颖长为小穗的1/3～3/4，先端芒尖，具1～3脉；第一小花雄性，罕中性，第一外稃与小穗等长，厚膜质，先端芒尖，具3～7脉，第一内稃透明，膜质或退化；第二小花两性，第二外稃具5脉，先端芒尖，与其内稃同为纸质；**鳞被**2，楔形，先端微凹；雄蕊3；花柱近基部联合。颖果长圆形。果期7～10月。

[生境分布] 甘南各市县均有分布；生于海拔2 500～3 200 m的山坡草地等处。

[价　　值] 牧草；根茎入药。

芨芨草 *Achnatherum splendens* 禾本科 芨芨属

Lovely Jijigrass；jī jī cǎo

[植物形态] 多年生，须根具砂套。秆丛生，坚硬，内具白色的髓①，高50～250 cm，节多聚于基部，具2～3节，平滑无毛，基部宿存枯萎的黄褐色叶鞘。叶鞘无毛，具膜质边缘；叶舌三角形或尖披针形；叶片纵卷，坚韧，上面脉纹凸起，微粗糙，下面光滑无毛。圆锥花序大型开展，主轴平滑，或具角棱而微粗糙，分枝细弱，2～6枚簇生，平展或斜升，基部裸露；**小穗长4.5～7 mm（不含芒），灰绿色，基部带紫褐色，成熟后常变草黄色**②；膜质，披针形，顶端尖或锐尖，第一颖长4～5 mm，具1脉，第二颖长6～7 mm，具3脉，外稃长4～5 mm，厚纸质，顶端具2微齿，背部密生柔毛，具5脉，基盘钝圆，具柔毛，长约0.5 mm，芒自外稃齿间伸出，直立或微弯，粗糙，不扭转，长5～12 mm，易断落；内稃长3～4 mm，具2脉而无脊，脉间具柔毛。花果期6－9月。

[生境分布] 甘南各市县均有分布；多生于海拔1 500～3 000 m的干旱山谷、村寨路旁及盐碱低地等处。

[价　　值] 牧草，盐碱地改良剂防风固沙优良植物。

醉马草 *Achnatherum inebrians* 禾本科 醉马属

Inebriate Speargrass; zuì mǎ cǎo

[植物形态] 多年生。须根柔韧。秆直立，平滑，高60～110 cm①②③，具3～4节，节下贴生微毛，基部具鳞芽。叶鞘稍粗糙，上部者短于节间，叶鞘口具微毛；叶舌厚膜质，顶端平截或具裂齿；叶片质地较硬，直立，边缘常卷折④，上面及边缘粗糙。圆锥花序紧密呈穗状；**小穗长5～6 mm，灰绿色或基部带紫色，成熟后变褐铜色⑤**，颖膜质，先端尖常破裂，微粗糙，具3脉；外稃长约4 mm，背部密被柔毛，顶端具2微齿，具3脉，脉于顶端汇合且延伸成芒，芒长10～13 mm，一回膝曲，芒柱中部以下稍扭转且被微短毛，基盘钝，具短毛；内稃具2脉，脉间被柔毛。颖果圆柱形，黑色。花果期7-9月。

[生境分布]甘南各市县均有分布；多生于海拔1700～4000 m的田边、路旁及撂荒地等处。

[价　　值]终年性毒草。

滨发草 *Deschampsia littoralis* 禾本科 发草属

Littoralis Grass; bīn fā cǎo

[植物形态] 多年生。须根较粗韧。秆丛生①，光滑无毛，高30～90 cm，具2节。叶鞘光滑无毛，松弛；叶舌膜质，顶端渐尖常2裂；**叶片线形，直立，通常卷折，上面粗糙，下面光滑无毛**，基部分蘖叶长达30 cm，宽达3 mm，有时扁平。圆锥花序疏松稍开展②，长10～20 cm，常为长圆形，分枝细长，屈曲，粗糙，多3分歧，1/3～1/2以下裸露，顶具较多小穗；小穗长卵形，含2～3花，灰褐色、暗紫色或褐紫色②；小穗轴节间长1.2～2 mm，具毛；颖等于或长于小穗，两颖近相等，**先端锐尖**，第一颖长（4）5～7 mm，具1脉，第二颖长6～7 mm，具3脉；第一外稃长（3.5）4～4.5 mm，顶端截平而呈啮蚀状，基盘两侧毛长约1 mm，**芒自稃体近基部伸出**，第二小花的芒可自中部伸出，劲直，等于或长于稃体；内稃约与外稃等长，脊上粗糙。花果期7-9月。

[生境分布]碌曲、玛曲、夏河、合作均有分布；生于海拔3400～4300 m的高寒草甸及河谷阶地等地。

[价　　值]牧草，盐碱地改良剂防风固沙优良植物。

发草 *Deschampsia caespitosa* 禾本科 发草属

Turfed Hair Grass；fā cǎo

[植物形态]多年生。须根柔韧。秆丛生，高30~150 cm①，具2~3节。叶鞘上部者常短于节间，无毛；叶舌膜质，先端渐尖或裂；叶片质韧，常纵卷或扁平②，分蘖者长达20cm。圆锥花序疏松开展，常下垂①③，长10~25cm，分枝细弱，平滑或微粗糙，中部以下裸露，上部疏生少数小穗；小穗草绿色或褐紫色③，含2小花；小穗轴节间长约1mm，被柔毛，颖不等，第一颖具1脉，长3.5~4.5mm，第二颖具3脉，等于或稍长于第一颖；第一外稃长3~3.5mm，顶端啮蚀状，基盘两侧毛长达稃体的1/3，芒自外稃基部1/5~1/4处伸出，劲直，稍短于或略长于外稃；内稃等长或略短于外稃。花果期7~9月。

[生境分布]碌曲、玛曲、夏河、合作均有分布；生于海拔3 400~4 300m的河谷阶地及沼泽草甸等处。

[价　　值]牧草。

小颖短柄草 *Brachypodium sylvaticum* 禾本科 短柄草属

Shortglume Falsebrome；xiǎo yǐng duǎn bǐng cǎo

[植物形态]多年生。秆疏丛，高50~80 cm①，具6~7节，紧接秆节下面有一圈倒生柔毛，节部被微毛。叶鞘短于节间，生短柔毛；叶舌长约1mm，先端具纤毛；叶片长6~12 cm，宽4~8mm，上面被短柔毛②。总状花序穗形，长8~12cm③，节及其下节间部分有微毛，大多下垂；小穗柄长1~2mm，生微毛；小穗长15~25mm，含7~10小花；第一颖小，长3~5mm，具3脉，先端圆钝，无毛，脊脉微粗糙，第二颖长5~7mm，具5脉，脉稍粗糙；外稃长9~11mm，具7脉，脉间有明显的横脉，无毛，芒细弱，长5~12mm；内稃短于外稃1/5，两脊上部具纤毛；顶端截圆。花果期9~10月。

[生境分布]碌曲、玛曲均有分布；生于海拔3 100~4 150m的山地林下及灌丛草地等处。

[价　　值]牧草。

藏异燕麦 *Helictotrichon tibeticum* 禾本科 异燕麦属

Tibetan Helictotrichon; zàng yì yàn mài

[植物形态]多年生草本。须根细韧,秆丛生,高60~80cm①,具1~2节,**花序以下被微毛**。叶片质硬,内卷如针,长5~8cm,宽1~2mm。**圆锥花序紧缩,黄褐色②**,长2~5cm;小穗含2小花,长约1cm;第1颖具1脉,长7~9mm,第2颖具3脉,稍长于第1颖;第1外稃常具7脉,长7~8mm,质地较硬,芒自外稃中部稍上处伸出,长1~1.5mm,膝曲,内稃稍短于外稃。颖果矩圆形。花果期7~9月。

[生境分布]除迭部、舟曲外甘南各市县均有分布;生于海拔2800~4500m的高山草甸及疏林灌丛等处。

[价　　值]牧草。

中华羊茅 *Festuca sinensis* 禾本科 羊茅属

China Fescue; zhōng huá yáng máo

[植物形态]多年生①。秆丛生②,高50~80cm,直径1~2mm,具4节,**节无毛而呈黑紫色②**;叶鞘松弛,具条纹,无毛,长于或稍短于节间,顶生者长16~22cm,长于叶片;叶舌0.3~1.5mm,革质或膜质,具短纤毛;**叶片质硬,直立,干时卷折,无毛或上面被微毛**,长6~16cm,宽1.5~3.5mm,顶生者甚退化,长3~6cm;**圆锥花序开展③**,长10~18cm;分枝下部孪生,主枝细弱,长6~11cm,中部以下裸露,上部1~2地分出小枝,小枝具小穗2~4;**小穗淡绿色或稍带紫色③**,长8~9mm,含3~4小花;小穗轴节间长约1mm,具微刺毛;颖片顶端渐尖,第一颖具1(3)脉,长5~6mm,第二颖具3(4)脉,长7~8mm;外稃上部具微毛,具5脉,顶端具长0.8~2mm的短芒,第一外稃长约7mm;内稃长约6mm,先端具2微齿,脊具小纤毛;花药长1.2~1.8mm。颖果。花果期7~9月。

[生境分布]碌曲、玛曲、夏河、合作均有分布;生于海拔3000~4000m的山地及灌丛草甸等处。

[价　　值]牧草。

紫羊茅 *Festuca rubra* 禾本科 羊茅属

Red Fescue；zǐ yáng máo

[植物形态]多年生。秆丛生，高30～70cm，平滑无毛，具2节。叶鞘粗糙，**基部红棕色并破碎呈纤维状**，分蘖叶的叶鞘闭合；叶舌平截，具纤毛，长约0.5mm，**叶片对折或边缘内卷，稀扁平，两面平滑或上面被短毛**，长5～20cm，宽1～2mm；**圆锥花序狭窄①，疏松，花期开展**，长7～13cm；分枝粗糙，长2～4cm，基部者长可达5cm，1/3～1/2以下裸露；**小穗淡绿色或深紫色①**，长7～10mm；小穗轴节间长约0.8mm，被短毛；颖片背部平滑或微粗糙，边缘窄膜质，顶端渐尖，第一颖窄披针形，具1脉，长2～3mm，第二颖宽披针形，具3脉，长3.5～4.5mm；外稃背部平滑或粗糙或被毛，顶端芒长1～3mm，第一外稃长4.5～5.5mm；内外稃近等长，顶端具2微齿，两脊上部粗糙。花果期6-9月。

[生境分布]碌曲、玛曲、夏河、合作均有分布；生于海拔2000～4000m的高寒草甸及灌丛等处。

[价　　值]牧草。

垂穗鹅观草 *Roegneria nutans* 禾本科 鹅观草属

Drooping Roegneria；chuí suì é guān cǎo

[植物形态]多年生。秆丛生，细硬，高45～60cm①，光滑。叶鞘疏松；叶片长2～6cm（或分蘖枝的叶长超过10cm），宽1～2.5mm，内卷，无毛或上面疏生柔毛。**穗状花序下垂②**，长4～6.5cm（不含芒），穗轴细弱，常弯曲作蜿蜒状，含5～10枚小穗（最基部2～3节常无小穗）；**小穗含3～4小花，草黄色或带紫色②**，长10～15mm（不含芒），小穗轴节间长2～3mm，被微毛；颖披针形，质较薄，先端尖或渐尖，常具3脉，第一颖长2～5mm，第二颖长3～7mm；外稃披针形，多少贴生微毛，上部具明显突起的5脉，第一外稃长8～10mm，芒粗壮，糙涩，反曲，长7～18（28）mm（上部小花有时长仅4mm）；内稃与外稃等长或稍短，脊间贴生微毛，脊上部粗糙至具短纤毛。花果期6-9月。

[生境分布]碌曲、玛曲均有分布；生于海拔3500～4000m的山坡草地及河滩草甸等处。

[价　　值]牧草。

硬秆鹅观草 *Roegneria rigidula* 禾本科 鹅观草属

Tight-stem Roegneria；yìng gǎn é guān cǎo

[植物形态]多年生，秆疏丛，质硬，高40～75cm①，具3～4节，紧接花序下无毛。叶鞘无毛，分蘖叶鞘倒生柔毛；叶片内卷，直立，两面具柔毛，边缘具纤毛，长3～10cm，宽2～4mm，蘖生者长可达25cm，宽仅1～2mm。**穗状花序弯曲②**，长7.5～8cm；小穗长10～15mm，含4～6小花；颖卵状披针形，先端锐尖，无毛，具3～4脉，主脉上部微粗糙，第一颖有时具1～2脉，长2～4mm，第二颖长3～5mm；外稃长圆状披针形，全部疏生柔毛，具5脉，第一外稃长7～8mm，先端芒长1～3mm；内稃与外稃等长或稍长，先端下凹；脊自基部1/5以上具短硬纤毛，背部贴生短毛，向基部渐稀少；**花药带黑色或黄色**。

[生境分布]玛曲、碌曲均有分布；生于海拔3400m左右的山坡草地等处。

[价　　值]牧草。

假苇拂子茅 *Calamagrostis pseudophragmites* 禾本科 拂子茅属

False-reed Reedgrass；jiǎ wěi fú zǐ máo

[植物形态]多年生，秆丛生，高40～100cm①。叶鞘平滑无毛，或稍粗糙，短于节间，有时在下部者长于节间；**叶舌膜质，长4～9mm，长圆形，顶端钝而易破碎**；叶片长10～30cm，宽1.5～5mm，扁平或内卷，上面及边缘粗糙，下面平滑。**圆锥花序长圆状披针形，疏松开展②**，长12～35cm，分枝簇生，直立，纤弱，稍糙涩；**小穗草黄色或紫色②**，长5～7mm；颖线状披针形，成熟后张开，顶端渐尖，不等长，第二颖较第一颖短1/4～1/3，具1脉或第二颖具3脉，主脉粗糙；**外稃透明膜质**，长3～4mm，具脉，顶端全缘，芒自外稃顶端伸出，长1～3mm，基盘的柔毛等长或稍短于小穗；内稃长为外稃的1/3～2/3。果期7～9月。

[生境分布]碌曲、玛曲、夏河、合作均有分布；生于海拔2000～3000m的山坡草地及河岸阴湿地等处。

[价　　值]牧草；生态草。

落草 *Koeleria macrantha* 禾本科 落草属

June Grass；qià cǎo

[植物形态]多年生。秆丛生，具2～3节，高25～60 cm①②，花序下密生绒毛。叶鞘灰白色或淡黄色，无毛或被短柔毛，枯萎叶鞘多撕裂残存于秆基；叶舌膜质，截平或边缘呈细齿状，长0.5～2 mm；**叶片灰绿色，线形，常内卷或扁平，长1.5～7 cm，下部分蘖叶长5～30 cm，被短柔毛或上面无毛，上部叶近于无毛，边缘粗糙。圆锥花序穗状③，下部间断，长5～12 cm，有光泽，草绿色或黄褐色③，主轴及分枝均被柔毛；**小穗长4～5 mm，含2～3小花，小穗轴被微毛或近于无毛，长约1 mm；颖倒卵状长圆形至长圆状披针形，先端尖，边缘宽膜质，脊上粗糙，第一颖具1脉，长2.5～3.5 mm，第二颖具3脉，长3～4.5 mm；外稃披针形，先端尖，具3脉，边缘膜质，背部无芒，稀顶端具长约0.3 mm的小尖头，基盘钝圆，具微毛，第一外稃长约4 mm；内稃膜质，稍短于外稃，先端2裂，脊上光滑或微粗糙。花果期5～9月。

[生境分布]碌曲、玛曲、夏河、合作均有分布；生于海拔2 400～3 500 m的高寒草甸及路旁等处。

[价　　值]牧草。

冰草 *Agropyron cristatum* 禾本科 冰草属

Crested Wheatgrass；bīng cǎo

[植物形态]多年生，秆丛生①，高20～75 cm，**上部紧接花序部分被短柔毛或无毛**。叶片长5～15 cm，宽2～5 mm，质较硬而粗糙，常内卷，上面叶脉强烈隆起成纵沟，脉上密被微小短硬毛。**穗状花序较粗壮，矩圆形或两端微窄②，长2～6 cm，宽8～15 mm；小穗紧密平行排列成两行，整齐呈篦齿状②，含3～7小花，长6～12 mm；**颖舟形具脊，脊上连同背部脉间被长柔毛，第一颖长2～3 mm，第二颖长3～4 mm，具略短于颖的芒；外稃被有长柔毛，顶端具短芒长2～4 mm；**内稃脊上具短小刺毛**。花果期7～9月。

[生境分布]甘南各市县均有分布；生于海拔2 800～4 300 m的干旱滩地及山地草原等处。

[价　　值]牧草。

菵草 *Beckmannia syzigachne* 禾本科 菵草属

Water-born Tare；wǎng cǎo；菵米、水稗子

[植物形态]一年生或越年生。秆直立，高15~90cm①②，具2~4节。叶鞘无毛，多长于节间；叶舌透明膜质，长3~8mm；叶片扁平，长5~20cm，宽3~10mm，粗糙或下面平滑。**圆锥花序狭窄，长10~30cm，分枝稀疏**②③，直立或斜升；**小穗扁平，圆形，灰绿色**③，常含1小花，长约3mm；颖草质；边缘质薄，白色，背部灰绿色，具淡色的横纹；外稃披针形，具5脉，常具伸出颖外之短尖头；花药黄色。颖果黄褐色，长圆形。花果期7~10月。

[生境分布]甘南各市县均有分布；生于海拔2000~3700m的滩涂地及水沟边等处。

[价　　值]牧草。

窄颖赖草 *Leymus angustus* 禾本科 赖草属

Narrow-glume Common Aneurolepidium；zhǎi yǐng lài cǎo

[植物形态]多年生，具下伸的根茎，须根粗壮；秆丛生，高60~100cm①，具3~4节，无毛或在节下以及花序下部常被短柔毛，基部残存褐色纤维状叶鞘。叶鞘平滑或稍粗糙，灰绿色，常短于节间；叶舌短，干膜质，先端钝圆；叶片质地较厚而硬，长15~25cm，宽5~7mm，粉绿色，粗糙或其背面近于平滑，内卷，先端呈锥状，**穗状花序直立，长15~20cm**②；穗轴被短柔毛，节间长5~10mm，基部者长达15mm；小穗2枚生于1节，稀3枚，含2~3小花；小穗轴被短柔毛；颖线状披针形，下部较宽广，覆盖第一外稃的基部，向上逐渐狭窄成芒，中上部分粗糙，下部偶有短柔毛，具1粗壮的脉，长10~13mm，第一颖短于第二颖或近于等长；外稃披针形，密被柔毛，具不明显的5~7脉，顶端渐尖或延伸成长约1mm的芒，第一外稃长10~14mm（含芒），基盘被短柔毛；内稃常稍短于外稃，脊的上部有纤毛。花果期7~9月。

[生境分布]甘南各市县均有分布；生于海拔2800~3700m的高寒草地等处。

[价　　值]牧草。

双叉细柄茅 *Ptilagrostis dichotoma* 禾本科 细柄茅属

Double-branching Ptilagrostis；shuāng chā xì bǐng máo

[植物形态]多年生。秆丛生，光滑，高40~50cm，具1~2节，基部具有分蘖及宿存枯萎的叶鞘。叶鞘微粗糙；叶舌膜质，三角形或披针形，两侧下延而与叶鞘的边缘结合；叶片丝线状，茎生者长1.5~2.5cm，基生者长达20cm。圆锥花序稀疏，长9~14cm，裸露于鞘外，分枝细弱呈丝状，基部主枝长达5cm，通常单生，下部裸露，上部1-3次二出分叉，叉顶着生小穗；小穗灰褐色或暗紫色①，长5~6mm，具长5~15mm的小穗柄，其柄及分枝的腋间具枕；颖膜质，透明，先端稍钝，具3脉，侧脉仅见于基部；外稃长约4mm，先端2裂，下部具柔毛，上部微糙涩或具微毛，基盘稍钝，长约0.5mm，具短毛，芒长1.2~1.5cm，膝曲，芒柱扭转且具长2.5~3mm的柔毛，芒针被长约1mm的短毛；内外稃近等长，背圆形。花果期7~8月。

[生境分布]玛曲、碌曲均有分布；生于海拔2400~3500m的高寒草甸及灌丛等处。

[价　　值]牧草。

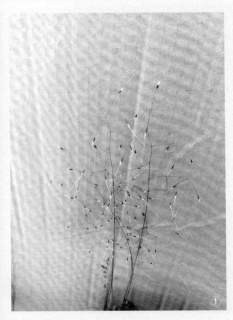

菊　科

草本、亚灌木或灌木，稀有乔木。有时有乳汁管或树脂道。叶通常互生，稀对生或轮生，全缘或具齿或分裂，无托叶，或有时叶柄基部扩大成托叶状；花两性或单性，极少有单性异株，整齐或左右对称，五基数，少数或多数密集成头状花序或为短穗状花序，为1层或多层总苞片组成的总苞所围绕；头状花序单生或数个至多数排列成总状、聚伞状、伞房状或圆锥状；花序托平或凸起，具窝孔或无窝孔，无毛或有毛；具托片或无托片；萼片不发育，通常形成鳞片状、刚毛状或毛状的冠毛；花冠常辐射对称，管状、或左右对称，两唇形，或舌状，头状花序盘状或辐射状，有同形的小花，全部为管状花或舌状花，或有异形小花，即外围为雌花，舌状，中央为两性的管状花；雄蕊4～5个，着生于花冠管上，花药内向，合生成筒状，基部钝，锐尖，戟形或具尾；花柱上端两裂，花柱分枝上端有附器或无附器；子房下位，合生心皮2枚，1室，具1个直立的胚珠；果为不开裂的瘦果；种子无胚乳，具2片子叶，稀1片。

本科约有1 000属，25 000～30 000种，广布于全世界，热带较少。我国约有200余属，2 000多种，产于全国各地。本科许多种类具经济价值，如莴苣、茼蒿、牛蒡等作蔬菜；向日葵、苍耳的种子可榨油；橡胶草和银胶菊可提取橡胶；艾纳香可制取冰片；红花、除虫菊可制作杀虫剂；泽兰、紫菀、天名精、茵陈蒿、蒲公英等为重要的药用植物；此外，菊、金光菊等可供观赏。

经调查，甘南常见的菊科植物有31种，其中风毛菊属6种，草地风毛菊、长毛风毛菊、钝苞雪莲、星状雪兔子、重齿风毛菊和松潘风毛菊；蒿属5种，野艾蒿、黄花蒿、小球花蒿、甘青蒿和牡蒿；橐吾属3种，黄帚橐吾、箭叶橐吾、掌叶橐吾；火绒草属2种，矮火绒草和毛香火绒；香青属2种，乳白香青和铃铃香青；蓟属4种，刺儿菜、魁蓟、葵花大蓟和藏蓟；飞廉属1种，丝毛飞廉；黄缨菊属1种，黄缨菊；毛连菜属1种，日本毛连菜；千里光属2种，北千里光和天山千里光；山苦荬属1种，山苦荬；紫菀属1种，高山紫菀；蒲公英属1种，蒲公英；蟹甲草属1种，三角叶蟹甲草。

草地风毛菊 *Saussurea amara* 菊科 风毛菊属

Grassland Windhairdaisy; cǎo dì fēng máo jú; 驴耳风毛菊, 羊耳朵

[植物形态] 多年生草本。茎直立，高15～60cm①，被白色稀疏的短柔毛或通常无毛，上部或仅在顶端有短伞房花序状分枝或自中下部有长伞房花序状分枝。基生叶与下部茎生叶有长或短柄，叶片披针状长椭圆形、椭圆形、长圆状椭圆形或长披针形，顶端钝或急尖，基部楔形渐狭，边缘通常全缘或有极少的钝而大的锯齿或波状浅齿而锯齿不等大；中上部茎生叶渐小，有短柄或无柄，椭圆形或披针形，基部有时有小耳；全部叶两面绿色，下面色淡，两面被稀疏的短柔毛及稠密的金黄色小腺点。头状花序在茎枝顶端排成伞房状或伞房圆锥花序②。总苞钟状或圆柱形；总苞片4层，外层披针形或卵状披针形，顶端急尖，有细齿或3裂，外层被稀疏的短柔毛，中层与内层线状长椭圆形或线形，外面有白色稀疏短柔毛，顶端有淡紫红色而边缘有小锯齿扩大的圆形附片，全部苞片外面绿色或淡绿色，有少数金黄色小腺点或无腺点。小花淡紫色。瘦果长圆形。冠毛白色，2层，外层短，糙毛状，内层长，羽毛状②。花果期7～10月。

[生境分布] 甘南各市县均有分布；生于海拔1 500～3 200m的荒地、路边、林间草地、山坡及草原等处。

[价　值] 杂类草，全草入药。

长毛风毛菊 *Saussurea hieracioides* 菊科 风毛菊属

Long Woolypod Windhairdaisy; cháng máo fēng máo jú; 驴耳风毛菜

[植物形态]多年生草本，高5～35 cm①。茎直立，密被白色长柔毛。基生叶莲座状，基部渐狭成具翼的短叶柄，叶片椭圆形或长椭圆状倒披针形，顶端急尖或钝，主脉白色明显①②；茎生叶与基生叶同形或线状披针形或线形，无柄，全部叶质地薄，两面褐色或黄绿色，两面及边缘被稀疏的长柔毛。头状花序单生茎顶②③。总苞宽钟状；总苞片4～5层，全部或边缘黑紫色②，顶端长渐尖扩密被长柔毛，外层卵状披针形，中层披针形，内层狭披针形或线形。小花紫色②。瘦果圆柱状，褐色，无毛。冠毛淡褐色③，2层，外层糙毛状，内层羽毛状。花果期6～9月。

[生境分布]碌曲、玛曲、夏河、合作均有分布；生于海拔3 500 m以上的高寒草甸及阴湿地等处。

[价　　值]杂类草，全草入药。

钝苞雪莲 *Saussurea nigrescens* 菊科 风毛菊属

Obtusebract Snowlotus；dùn bāo xuě lián；瑞苓草

[植物形态]多年生草本，高15～45 cm①。茎簇生或单生，直立，被稀疏的长柔毛或后变无毛，上部紫色，基部被残存的叶柄所包围。基生叶有长或短柄，叶片线状披针形或线状长圆形，顶端急尖或渐尖，基部楔形渐狭，边缘有倒生细尖齿，两面被稀疏长柔毛或后变无毛②；中上部茎生叶渐小，无柄，顶端急尖或渐尖，基部半抱茎；顶端茎生叶小，紫色。头状花序有长小花梗③，小花梗直立，长1.5～7 cm，被稀疏长柔毛，头状花序1～6个在顶成伞房状排列。总苞狭钟状；总苞片4～5层，干后黑褐色或紫褐色，顶端钝或稍钝，外面被白色长柔毛，外层卵形，向内层渐长，披针形或线状披针形。小花紫色。瘦果长圆形。冠毛污白色或淡棕色，2层，外层糙毛状，内层羽毛状。花果期9～10月。

[生境分布]甘南各市县均有分布；生于海拔2 800～3 500 m以上的高寒草甸及高寒灌丛等处。

[价　　值]杂类草，全草入药。

星状雪兔子 *Saussurea stella* 菊科 风毛菊属

Starry Snowrabbiten；xīng zhuàng xuě tù zi；星状风毛菊

[植物形态]多年生无茎莲座状草本①②，全株光滑无毛。根倒圆锥状，深褐色。**叶莲座状，星状排列，线状披针形，无柄**①②，基部常卵状扩大，向中部以上长渐尖，边缘全缘，**两面同色，紫红色或近基部紫红色**①②，或绿色，无毛。**头状花序无小花梗，多数，在莲座状叶丛中密集成半球形的总花序**①②。总苞圆柱形；总苞片5层，覆瓦状排列，外层长圆形，中层狭长圆形，内层线形，顶端钝；全部总苞片外面无毛，但中层与外层苞片边缘有睫毛。小花紫色②。瘦果圆柱状。冠毛白色，2层，花果期7～9月。

[生境分布]碌曲、玛曲、夏河、合作均有分布。生于海拔2 800～4 000 m的沼泽草甸及阴湿地等处。

[价　　值]杂类草。

重齿风毛菊 *Saussurea katochaete* 菊科 风毛菊属

Double-serrate Windhairdaisy；chóng chǐ fēng máo jú

[植物形态]多年生无茎莲座状草本①。叶莲座状，有宽叶柄，被稀疏的蛛丝毛或无毛，**叶片椭圆形、匙形或卵圆形，边缘有细密的尖锯齿或重锯齿，上面绿色，无毛，下面白色，被稠密的白色绒毛**②，侧脉多对，在叶背面明显凸起。**头状花序1个**①③，**无序梗或有短花序梗，单生于莲座状叶丛中**，极少植株有2～3个头状花序。总苞宽钟状；总苞片4层，外层三角形或卵状披针形，中层卵形或卵状披针形，内层长椭圆形或宽线形，全部总苞片外面无毛。小花紫色③。瘦果褐色。花果期7～10月。

[生境分布]除舟曲、迭部外甘南各市县均有分布；生于海拔2 500～3 800 m的高山草甸及阴湿地等处。

[价　　值]杂类草，全草入药。

松潘风毛菊 *Saussurea sungpanensis* 菊科 风毛菊属

Sungpan Windhairdaisy; sōng pān fēng máo jú

[植物形态]多年生无茎草本。叶基生呈莲座状，羽状全裂，裂片多对，整齐①，上面具疏柔毛，下面密被白色柔毛。头状花序1～3个，总苞片多层，小花全部管状，蓝紫色。瘦果光滑，长约5mm，冠毛2层，羽状。花果期7～9月。

[生境分布]碌曲、玛曲、夏河及合作均有分布；生于海拔2 800～4 000 m的高寒灌丛及高寒草甸等处。

[价　　值]杂类草，入药。

野艾蒿 *Artemisia lavandulifolia* 菊科 蒿属

Wild Sagebrush; yě ài hāo; 荫地蒿，野艾

[植物形态]多年生草本①②③，有时为半灌木状，植株有香气。主根稍明显，侧根多；根状茎稍粗，常匍地，有细而短的营养枝。茎少数，成小丛，稀少单生，具纵棱，分枝多，斜向上伸展；茎被灰白色蛛丝状短柔毛。叶纸质，上面绿色，具密集白色腺点及小凹点，初时疏被灰白色蛛丝状柔毛，后毛稀疏或近无毛，背面除中脉外密被灰白色密绵毛；基生叶与茎下部叶宽卵形或近圆形，二回羽状分裂；中部叶（一至）二回羽状全裂或第二回为深裂；上部叶羽状全裂，条形，全缘。头状花序极多数，椭圆形或长圆形④，有短梗或近无梗，具小苞叶，在分枝的上半部排成密穗状或复穗状花序，并在茎上组成狭长中等开展，稀为开展的圆锥花序，花后头状花序多下倾；总苞片3～4层；雌花4～9朵，花冠狭管状，檐部具2裂齿，红褐色④，外层雌性，内层两性，瘦果长卵形或倒卵形。花果期8～10月。

[生境分布]甘南各市县均有分布；生于海拔2 000～3 500 m的路旁、河谷及砾石山坡等处。

[价　　值]杂类草，全草入药，嫩苗可食用。

黄花蒿 *Artemisia annua* 菊科 蒿属

Yellow Flower Sagebrush; huáng huā hāo; 草蒿、青蒿、秋蒿

[植物形态]一年生草本①②③；植株有浓烈的气味。茎单生，高80～200 cm，有纵棱，幼时绿色，后变褐色或红褐色，多分枝；茎、叶两面及总苞片背面无毛或初时背面微有极稀疏短柔毛，后脱落无毛。叶纸质，绿色；茎下部叶宽卵形或三角状卵形，绿色，两面具细小脱落性的白色腺点及细小凹点，三（至四）回栉齿状羽状深裂，每侧有裂片5～8（或10）枚，裂片长椭圆状卵形，再次分裂，小裂片边缘具多枚栉齿状三角形或长三角形的深裂齿，中肋明显，在叶面上梢隆起，中轴两侧有狭翅而无小栉齿，稀上部有数枚小栉齿，基部有半抱茎的假托叶；中部叶二（至三）回栉齿状的羽状深裂，小裂片栉齿状三角形。稀少为细短狭线形，具短柄；上部叶与苞片叶一（至二）回栉齿状羽状深裂，近无柄。头状花序球形，多数，有短梗，下垂或倾斜，基部有线形的小苞叶，在分枝上排成总状或复总状花序，并在茎上组成开展、尖塔形的圆锥花序④⑤；总苞片3～4层，花序托凸起，半球形；花黄色⑤，瘦果椭圆状卵形。花果期8-11月。

[生境分布]甘南各市县均有分布；生于海拔2 500～3 300 m的路旁、河谷及砾质坡地等处。

[价　　值]杂类草，入药。

小球花蒿 *Artemisia moorcroftiana* 菊科 蒿属

xiǎo qiú huā hāo; 大叶青蒿、小白蒿、芳枝蒿

[植物形态]多年生草本。茎直立，高50～70 cm①，紫红色或褐色，纵棱明显；被短柔毛，上部有伸展的短花序枝。叶纸质，绿色，叶面微被绒毛，背面密被灰白色或灰黄色短绒毛；茎下部叶长圆形、卵形或椭圆形，二（至三）回羽状全裂或深裂，第一回全裂，每侧具裂片（4-）5～6枚，裂片卵形或长卵形，再次羽状深裂，小裂片披针形或线状披针形，先端锐尖，边缘稍反卷，基部有小型假托叶；中部叶卵形或椭圆形，二回羽状分裂，第一回近全裂或深裂，每侧有裂片（4-）5～6枚，第二回为深裂或为浅裂齿；上部叶羽状全裂或3～5全裂，裂片椭圆形、披针形或线状披针形，偶有浅裂齿；苞片叶3全裂或不分裂，而为线状披针形。头状花序球形或半球形，无梗，有线形的小苞叶，在茎端或短的分枝上密集排成穗状花序，并在茎上组成狭而长的圆锥花序；花黄色，总苞片3～4层，外层总苞片卵形，背面绿色，被灰白色或淡灰黄色短柔毛，边缘狭膜质，中层卵形或长卵形，背面被短柔毛，边缘宽膜质，内层总苞片长卵形或椭圆形，半膜质，背面为毛或近无毛。瘦果无毛。花果期7-10月。

[生境分布]甘南各市县均有分布；生于海拔2 600～3 700 m的高山草原及高寒草甸等处。

[价　　值]杂类草，入药。

甘青蒿 *Artemisia tangutica* 菊科 蒿属

Tangut Sagebrush；gān qīng hāo

[植物形态]多年生草本①。茎通常单生，直立，稀少数，高50～90 cm，纵棱明显，紫褐色或褐色②，初时密被蛛丝状绒毛，并疏被短腺毛，后下部毛稍稀疏；茎上半部具着生头状花序的分枝。叶纸质，上面微被短腺毛，脉上略明显，叶长圆形或卵形，二回羽状全裂或深裂，每侧有裂片4～6枚②，裂片长卵形或椭圆形，小裂片长卵形或卵形，具叶柄，花期下部叶凋谢；中部叶基部半抱茎，有小型假托叶；上部叶羽状深裂，裂片不再分裂或偶有一两枚小裂齿；苞片叶5或3深裂或不分裂，椭圆形或椭圆状披针形。头状花序多数，长圆形或宽卵形，下垂③，有小型的小苞叶，在分枝上排成密集或略疏松的穗状花序，并在茎上组成狭窄的圆锥花序；花浅黄色，总苞片3（-4）层。瘦果无毛，倒卵形或长卵形。花果期7～10月。

[生境分布]甘南各市县均有分布；生于海拔2 300～3 800 m的圩埂、河谷及高寒灌丛等处。

[价　　值]杂类草。

牡蒿 *Artemisia japonica* 菊科 蒿属

Japanese Wormwood；mǔ hāo；齐头蒿、土柴胡

[植物形态]多年生草本①；植株有气味。茎直立，高50～130 cm，有纵棱，紫褐色或褐色②，上部有开展或直立的分枝；茎初时被微柔毛，后渐稀疏或无毛。叶纸质，两面无毛或时微有短柔毛，后无毛；基生叶与下部茎生叶倒卵形或宽匙形，自叶上端斜向基部羽状深裂或半裂，具短柄，花期凋谢；中部叶匙形②，上端有3～5枚斜向基部的浅裂片或深裂片，每裂片的上端有2～3枚小锯齿或无锯齿，叶基部楔形，具假托叶；上部叶上端有3浅裂或不分裂；苞片叶长椭圆形、椭圆形、披针形或线状披针形，先端不分裂或偶有浅裂。头状花序多数，卵球形或近球形③，无梗或有短梗，基部具线形的小苞叶，在分枝上通常排成穗状花序或穗状花序状的总状花序，并在茎上组成狭窄或中等开展的圆锥花序④；花黄色，总苞片3～4层。瘦果倒卵形。花果期7～10月。

[生境分布]甘南各市县均有分布；生于海拔2 000～3 500 m的高寒草甸、林缘及高寒灌丛等处。

[价　　值]杂类草，全草入药，嫩叶作野菜。

黄帚橐吾 *Ligularia virgaurea* 菊科 橐吾属

Goldenrod Goldenray；huáng zhǒu tuó wú；日侯、嘎和

[植物形态] 多年生草本，高15～80 cm①。茎直立。叶灰绿色、卵形、椭圆形或长圆状披针形①，先端钝或急尖，全缘至有齿，边缘有时略反卷，基部楔形，有时近平截，突然狭缩，下延成柄，两面光滑，叶脉羽状或有时近平行；茎生叶小，无柄，卵形、卵状披针形至线形，长于节间，稀上部者较短，先端急尖至渐尖，常筒状抱茎。总状花序密集或上部密集，下部疏离①；头状花辐射状，常多数①②，稀单生；舌状花黄色，舌片线形，先端急尖，冠毛白色与花冠等长。瘦果长圆形②。花果期7～9月。

[生境分布] 玛曲、碌曲及夏河均有分布；生于海拔3 200～3 900 m的高寒草甸及林缘等处。

[价　　值] 季节性毒草；入药。

箭叶橐吾 *Ligularia sagitta* 菊科 橐吾属

Arrowleaf Goldenray；jiàn yè tuó wú

[植物形态] 多年生草本。茎直立，高25～90 cm①②，光滑或上部及花序被白色蛛丝状毛。丛生叶与下部茎生叶具柄，柄长4～18 cm，具狭翅，翅全缘或有齿，被白色蛛丝状毛，基部鞘状，叶片箭形、戟形或长圆状箭形③，先端钝或急尖，边缘具小齿，基部弯缺宽，长为叶片的1/4～1/3，外缘常有大齿，上面光滑，下面有白色蛛丝状毛或脱毛，叶脉羽状；茎中部叶具短柄，鞘状抱茎，叶片箭形或卵形，较小；顶部叶披针形至狭披针形，苞叶状。总状花序④⑤；苞片狭披针形或卵状披针形；头状花多数④⑤，辐射状。舌状花黄色④⑤；管状花多数，檐部伸出总苞之外，冠毛白色与花冠等长。瘦果长圆形。花果期7－10月。

[生境分布] 甘南各市县均有分布；生于海拔2 500～4 000 m的高寒草甸、林缘、高寒灌丛等阴湿处。

[价　　值] 季节性毒草；根、叶可入药。

掌叶橐吾 *Ligularia przewalskii* 菊科 橐吾属

Palmatum Goldenray；zhǎng yè tuó wú

[植物形态]多年生草本。**茎直立，高30~130cm①②，具细棱。基生叶与下部茎生叶具柄，光滑，基部具鞘，叶片卵形，掌状4~7裂①，裂片3~7深裂，中裂片二回3裂，小裂片边缘具条齿，两面光滑，稀被短毛，叶脉掌状；中上部茎生叶少而小，掌状分裂，常有膨大的鞘。总状花序②③；苞片线状钻形；头状花多数，辐射状②③；小苞片常缺；总苞狭筒形，2层。舌状花黄色②，2~3，舌片线状长圆形；管状花常3个，远出于总苞之上，冠毛紫褐色③。瘦果长圆形，先端狭缩，具短喙。花果期6~9月。**

[生境分布]除玛曲外甘南各市县均有分布；生于海拔2000~3700m的林缘及灌丛等处。

[价　　值]季节性毒草；入药。

矮火绒草 *Leontopodium nanum* 菊科 火绒草属

Low Edelweiss；ǎi huǒ róng cǎo

[植物形态] 多年生草本，**垫状丛生①，或根状茎分枝细或稍粗壮木质，被密集或疏散的褐色鳞片状枯叶鞘，有顶生的莲座状叶丛。花茎0~20cm，**直立不分枝，**被白色绵毛状厚真毛②。基部叶在花期生存并为枯叶残片和鞘所围裹；茎部叶较莲座状叶稍大，直立或稍开展，匙形或线状匙形，顶端圆形或钝，有隐没于毛茸中的短尖头，两面被白色或上面被灰白色长柔毛状密茸毛①。苞叶少数。头状花序单生或3个密集，稀多至7个②③。总苞被灰白色棉毛；总苞片4~5层，披针形，深褐色或褐色。小花异形，但通常雌雄异株。雄花花冠狭漏斗状，有小裂片；雌花花冠细丝状，花后增长。冠毛亮白色。花果期5~8月。**

[生境分布]甘南各市县均有分布；生于海拔1800~4000m的山坡草地及高寒草甸等处。

[价　　值]杂类草，全草入药。

毛香火绒草 *Leontopodium stracheyi* 菊科 火绒草属

Stracheyi Edelweiss；máo xiāng huǒ róng cǎo；毛香

[植物形态]多年生草本①。茎直立，高12～60 cm，有多数簇生的花茎和不育茎。有时下部或中部有花后发育的腋芽和细枝，被浅黄褐色或褐色短腺毛，上部除被较密的腺毛外，还杂有蛛丝状毛，基部为膜质无毛的芽苞和花后枯萎宿存被有长柔毛的基出叶所包围，全部有密集的叶。叶稍直立或开展，卵圆状披针形或卵圆状条形②，抱茎，边缘平或波状反卷，上面被密腺毛，或有时还被蛛丝状毛，下面除脉有腺毛或近无毛外被灰白色茸毛，基部有三出脉，苞叶多数，与上部茎生叶同形或较小，两面被灰白色茸毛，或顶端和下面被绿色而被腺毛，较花序长1.5～2倍，开展成直径2～6 cm的苞叶群，有时具长花序梗而形成几个苞叶群。头状花序密集③。总苞被长柔毛，总苞片2～3层。冠毛白色，基部稍黄色；雄花冠毛稍粗厚，上部有钝锯齿；雌花冠毛丝状，全缘。瘦果有乳头状突起或短粗毛。花期7-9月。

[生境分布]碌曲、玛曲、夏河、合作均有分布；生于海拔3 000～4 000 m的高寒草甸及高寒灌丛等处。

[价　　值]杂类草；入药。

铃铃香青 *Anaphalis hancockii* 菊科 香青属

Lingling Everlasting；líng líng xiāng qīng；铃铃香，铜钱花

[植物形态]多年生草本，根状茎细长。茎从膝曲的基部直立，高5～35 cm，被蛛丝状毛及具柄头状腺毛，上部被蛛丝状密棉毛，常有稍疏的叶。莲座状叶与茎下部叶匙状或线状长圆形，基部狭成具翅的柄或无柄，顶端圆形或急尖；中部及上部叶直立，常贴附于茎上，线形，或线状披针形，稀线状长圆形而多少开展①，边缘平，顶端有膜质枯焦状长尖头；全部叶薄质，两面被蛛丝状毛及头状具柄腺毛，边缘被灰白色蛛丝状长毛，有明显的基3出脉或另有2不显明的侧脉。头状花9～15，在茎端密集成复房状②③；总苞宽钟状，4～5层，稍开展；外层卵圆形，红褐色或黑褐色；内层长圆披针形，上部白色；最内层线形，有长约长二至三分之一的爪部。瘦果被密乳头状突起。果期6-9月。

[生境分布]除舟曲外甘南各市县均有分布；生于海拔2 600～3 800 m的高寒草甸及山坡草地等处。

[价　　值]杂类草；全草入药；花可提取芳香油。

乳白香青　铃铃香青

123

乳白香青 *Anaphalis lactea* 菊科 香青属

Milkywhite Everlasting；rǔ bái xiāng qīng；大矛香艾

[植物形态]多年生草本，**根状茎粗壮**①。茎直立，高10～40cm，不分枝，草质，**被白色或灰白色棉毛**②，下部有较密的叶。莲座状叶披针状或匙状长圆形③，下部渐狭成具翅而基部鞘状的长柄；茎下部叶较莲座状常稍小，边缘平，顶端尖或急尖，有或无小尖头；中部及上部叶直立或依附于茎上，长椭圆形，条状披针形或条形，沿茎下延成狭翅，**全部叶被白色或灰白色密棉毛**①③，有离基3出脉或1脉。**头状花序多数，排列成复伞房状**④；总苞钟状，总苞片4～5层，外层卵圆形，褐色，被蛛丝状毛；内层卵状长圆形，乳白色；最内层狭长圆形，有长约全长2/3的爪部。瘦果圆柱形，近无毛。花果期7～9月。

[生境分布]甘南各市县均有分布；生于海拔2 000～3 600 m的林缘、高寒灌丛及高寒草甸等处。

[价　　值]杂类草；全草入药。

刺儿菜 *Cirsium setosum* 菊科 蓟属

Setose Thistle；cì er cài；小蓟

[植物形态]多年生草本。茎直立，高30～120 cm①②，上部有分枝，花序分枝无毛或有薄绒毛。**基生叶和中部茎生叶椭圆形、长椭圆形或椭圆状倒披针形**，通常无叶柄，上部茎生叶渐小，**叶缘有细密的针刺**，针刺紧贴叶缘，或叶缘有刺齿，或大部茎生叶羽状浅裂或半裂或边缘粗大圆锯齿，裂片或锯齿斜三角形，齿顶及裂片顶端有较长的针刺，齿缘及裂片边缘的针刺较短且贴生①③。**头状花序单生茎端，或植株含少数或多数头状花在茎枝顶端排成伞房花序**④。总苞卵形、长卵形或卵圆形。总苞片约6层，覆瓦状排列；**小花紫红色**④，瘦果，冠毛污白色，刚毛长羽状。花果期6～9月。

[生境分布]甘南各市县均有分布；生于海拔1 500～3 000 m的田间、沟谷及路旁等处。

[价　　值]杂类草；全草入药。

魁蓟 *Cirsium leo* 菊科 蓟属

Leo Thistle；kuí jì

[植物形态] 多年生草本，高40～150 cm①②。茎直立，单生或少数茎成簇生，上部伞房状分枝，少有不分枝的，全部茎枝有纵棱，被多细胞长节毛③，上部及接头状花序下部的毛较稠密。基部和下部茎生叶，长椭圆形或倒披针状长椭圆形，羽状深裂③；侧裂片8～12对，中部侧裂片较大，全部侧裂片边缘三角形刺齿不等大，齿顶长针刺③，针刺长可达1.2 cm，齿缘短针刺。叶两面绿色，被多细胞长节毛，下面沿脉的毛稍稠密。头状花在茎枝顶端排成伞房花序②，极少单生茎顶而植株仅有1个头状花序的①。总苞钟状，总苞片8层，镊合状排列。小花紫色或红色②④，檐部不等大5浅裂。瘦果灰黑色，冠毛污白色，刚毛长羽毛状。花果期6～9月。

[生境分布]甘南各市县均有分布；生于海拔1 300～3 500 m的疏林灌丛、山坡草地及沟谷路旁等处。

[价　　值]杂类草；全草入药。

葵花大蓟 *Cirsium souliei* 菊科 蓟属

Soulie Thistle；kuí huā dà jì；聚头蓟

[植物形态]多年生草本①②③④。根状茎粗，无茎；全部叶基生，莲座状，狭披针形或长椭圆状披针形，长15～30 cm，有柄，羽状浅裂或深裂①④；裂片长卵形，基部杂有小裂片，顶端和边缘具小刺①②③④，上面绿色，下面淡绿色，两面被长柔毛；头状花序，数个集生于莲座状叶丛中②③④；总苞片3～5层，披针形，顶端长刺尖，边缘自中部或自基部起有小刺，最内层的顶端软；花冠紫红色②③；瘦果浅黑色；冠毛白色或污白色或稍带淡褐色，长羽毛状，与花冠等长④。花果期7～9月。

[生境分布]甘南各市县均有分布；生于海拔2 000～4 800 m的山坡草地、路旁及撂荒地等处。

[价　　值]杂类草；全草入药。

藏蓟 *Cirsium arvense* 菊科 蓟属

Tibetan Thistle；zàng jì

[植物形态]多年生草本。茎直立，高40～100 cm，被稠密的蛛丝状绒毛或变稀毛①。全部叶质地较厚，下部茎叶长椭圆形、倒披针形或倒披针状长椭圆形，羽状浅裂或半裂，基部渐狭，无柄或成短柄②；侧裂片3～5对，中部侧裂片稍大；两端侧裂片渐小，边缘2～5个长硬针刺或刺齿，齿顶有长硬针刺，齿缘有缘毛状针刺，长硬针刺长3.5～10 mm，齿缘缘毛状针刺长不足2 mm，顶裂片宽卵形、宽披针形或半圆形，顶端有长硬针刺，边缘有缘毛状针刺，长硬针刺及缘毛状针刺与侧裂片的相等长；或下部茎叶羽裂不明显，但叶缘针刺常3～5个成束②；向上的叶渐小，与下部茎生叶同形并具等样的针刺和缘毛状针刺。头状花多数在茎枝顶端排成伞房花序或少数排成总状花序③。总苞卵形或卵状长圆形。总苞片约7层，覆瓦状排列。小花紫红色③。瘦果，冠毛污白色至浅褐色③。花果期6～9月。

[生境分布]碌曲、玛曲、临潭均有分布；生于海拔2 000～3 500 m的村旁、路旁及高寒草甸等处。

[价　　值]杂类草；全草入药。

丝毛飞廉 *Carduus crispus* 菊科 飞廉属

Curly Plumeless Thistle；sī máo fēi lián；飞廉

[植物形态]二年生，高40～150 cm①②。茎直立，有条棱，具茎翼。茎翼边缘齿裂，齿顶及齿缘有黄白色或浅褐色的针刺②③，上部或接近状花序下部的茎翼常为针刺状。下部茎叶椭圆状披针形，羽状深裂，裂片边缘有大小不等的三角形或偏斜三角形刺齿①③，齿顶及齿缘具针刺，齿顶针刺较长，长达3.5 cm，齿缘针刺较短，或下部茎生叶不为羽状分裂，边缘大锯齿或重锯齿；上部茎生叶与下部茎生叶同形并等样分裂，但渐小，顶部茎生叶线状倒披针形。头状花通常3～5集生于分枝顶端或茎端，花序梗短，或头状花单生分枝顶端，形成不明显的伞房花序②。总苞卵圆形，直径1.5～2.5 cm。总苞片多层，覆瓦状排列。全部苞片无毛或被稀疏的蛛丝毛。小花红色或紫色②④。瘦果。冠毛白色或污白色。花果期6～10月。

[生境分布]甘南各市县均有分布；生于海拔2 400～3 600 m的高寒草甸、沟谷路旁及地埂等处。

[价　　值]杂类草；入药。

黄缨菊 *Xanthopappus subacaulis* 菊科 黄缨菊属

Common Xanthopappus；huáng yīng jú；黄冠菊

[植物形态]多年生草本①②。叶莲座状，革质，矩圆状披针形，羽状深裂，裂片边缘有不规则小裂片，具硬刺①；头状花序数个至十余个密集成团球状②，直径达5～12 cm；总苞宽钟状，总苞片8～9层，**覆瓦状排列**，最外层披针形，坚硬，革质，顶端渐尖成芒刺，开展下弯；中内层披针形或长披针形；最内层线形或宽线形，硬膜质。总苞全部苞片外面有微糙毛，最内层苞片糙毛较稠密。**花黄色②，顶端5浅裂**，裂片线形。瘦果，**冠毛多层，淡黄色或棕黄色，刚毛糙毛状**。花果期7～9月。

[生境分布]甘南各市县均有分布；生于海拔2 500～3 300 m的高寒草甸干旱阳坡及砾质山地等处。

[价　　值]杂类草；根状茎入药。

日本毛连菜 *Picris japonica* 菊科 毛连菜属

Japanese Oxtongue；rì běn máo lián cài；枪刀菜

[植物形态]二年生草本，高30～120 cm①②。茎直立，有纵沟纹，被稠密或稀疏的钩状硬毛，硬毛黑色或黑绿色，基部有时稍带紫红色③，上部伞房状或伞房圆锥状分枝。基生叶花期枯萎，脱落；下部茎生叶倒披针形、椭圆状披针形或椭圆状倒披针形，基部渐狭成有翼的柄，边缘具齿或边缘浅波状，两面被分叉的钩状硬毛；中部茎生叶披针形③，无柄，基部稍抱茎，两面被分叉的钩状硬毛；上部茎生叶渐小，条状披针形，具有与中下部茎生叶相同的毛被。**头状花多数，在茎枝顶端排成伞房花序或伞房圆锥花序**，有线形苞叶。总苞圆柱状钟形，总苞片3层，黑绿色。**舌状花黄色，舌片基部被稀疏的短柔毛④**。瘦果椭圆状，棕褐色。冠毛污白色，外层糙毛状，内层羽毛状。花果期6-10月。

[生境分布]甘南各市县均有分布；生于海拔2 000～3 300 m的山坡草地、林缘及高山草甸等处。

[价　　值]杂类草；全草入蒙药。

北千里光 *Senecio dubitabilis* 菊科 千里光属

Northern Groundsel；běi qiān lǐ guāng

[植物形态]一年生草本①。茎单生，直立，高5~30 cm，自基部或中部分枝；分枝直立或开展，无毛或被白色疏柔毛②。叶无柄，匙形，长圆状披针形，长圆形至线形，顶端钝至尖，羽状短细裂至具疏齿或全缘；下部叶基部狭成柄状②；中部叶基通常稍扩大而成具不规则齿半抱茎的耳；上部叶披针形至线形，有细齿或全缘，全部叶两面无毛。头状花少数至多数，排列成顶生疏散伞房花序③，**无舌状花**。总苞狭钟状，总苞片约14，上端具细髯毛，有时变黑色，草质，边缘狭膜质，背面无毛。**管状花多数，花冠黄色③④**；瘦果圆柱形，密被柔毛。冠毛白色。花期6~9月。

[生境分布]甘南各市县均有分布；生于海拔2 000~4 800 m的沙石处、田边及路旁等处。

[价　　值]杂类草；入药。

天山千里光 *Senecio thianschanicus* 菊科 千里光属

Tianshan Mountain Groundsel；tiān shān qiān lǐ guāng

[植物形态]多年生草本①②。茎单生或丛生，高5~20 cm。叶片倒卵形或匙形；中部茎叶无柄，长圆形或长圆状线形，顶端钝，边缘具浅齿至羽状浅裂，或稀羽状深裂，基部半抱茎，羽状脉，侧脉不明显；上部叶较小，全缘，两面无毛。**头状花2~10排列成顶生疏伞房花序，稀单生①②，具舌状花**；花序梗被蛛丝状毛，或多少无毛。小苞片线形或线状钻形。总苞钟状，具外层苞片，苞片4~8，线形，常紫色；总苞片约13，线状长圆形，渐尖，上端黑色，常流苏状，具缘毛或长柔毛，草质，具干膜质边缘，外面被疏蛛丝状毛至变无毛。**舌状花约10，花冠黄色③**。瘦果，冠毛白色或污白色。花期7~9月。

[生境分布]除舟曲、迭部外甘南各市县均有分布；生于海拔2 500~4 000 m的草坡、开阔湿处及溪边等处。

[价　　值]杂类草；入药。

山芫荽 *Cotula hemisphaerica* 菊科 山芫荽属

Hemisphaerical Brassbuttons；shān yán suī

[植物形态]一年生草本①。茎自基部多分枝，铺散①②，高5～20cm，多少被淡褐色长柔毛。叶互生，二回羽状全裂，两面近无毛，**基生叶倒披针形**③，一回裂片约5对，向下裂片渐小而直展；中部茎生叶长圆形，基部半抱茎，上部叶渐小，一至二回羽状全裂；全部末回裂片线形或线状披针形，顶端有细长的尖头。**头状花序单生枝端**①③；总苞片2层，矩圆形，绿色，具1条褐色中脉，顶端钝或短尖，边缘膜质，内层较短小；花托乳突末期伸长成果柄。边缘花雌性，较中心两性花多，无花冠或2齿状，花柱2裂；**中心花少数，两性，有管状黄色花冠**③，冠檐4裂。瘦果被腺点。花果期7～10月。

[生境分布]甘南各市县均有分布；生于海拔2700～3500m的河边沙石地及路旁等处。

[价　　值]杂类草。

高山紫菀 *Aster alpinus* 菊科 紫菀属

Alpine Aster；gāo shān zǐ wǎn

[植物形态]多年生草本①②③，有丛生的茎和莲座状叶丛。茎直立，高10～35cm，不分枝，被密或疏毛。**下部叶在花期生存，匙状或条状长圆形**①，渐狭成具翅的柄，全缘，顶端圆形或稍尖；中部叶长圆披针形或条形，下部渐狭，无柄；上部叶狭小，直立或稍开展；全部叶被柔毛，或稍有腺点；中脉及三出脉在下面凸起。**头状花序在茎端单生**③④。总苞半球形；总苞片2～3层，**舌状花舌片紫色、蓝色或浅红色，管状花花冠黄色**③④。冠毛白色。瘦果长圆形。花果期6～10月。

[生境分布]碌曲、玛曲、夏河均有分布；生于海拔2000～3600m的疏林灌丛及高山草甸等处。

[价　　值]杂类草。

蒲公英 *Taraxacum mongolicum* 菊科 蒲公英属

Mongolian Dandelion；pú gōng yīng；蒙古蒲公英、黄花地丁

[植物形态]多年生草本。根圆柱状，黑褐色，粗壮①。叶倒卵状披针形、倒披针形或长圆状披针形，先端钝或急尖，边缘有时具波状齿或羽状深裂，有时倒向羽状深裂或大头羽状深裂，顶端裂片较大，三角形或三角状戟形②，全缘或具齿，每侧裂片3～5片，裂片三角形或三角状披针形，通常具齿，平展或倒向，裂片间常夹生小齿，基部渐狭成叶柄，叶柄及主脉常带红紫色，疏被蛛丝状白色柔毛或几无毛。花葶1至数个②，与叶等长或稍长，上部紫红色，密被蛛丝状白色长柔毛；头状花直径30～40 mm②；总苞钟状，淡绿色；总苞片2～3层。瘦果倒卵状披针形，暗褐色，上部具小刺，下部具成行排列的小瘤③，顶端逐渐收缩为长约1mm的圆锥至圆柱形喙基；冠毛白色。花果期6-9月。

[生境分布]甘南各市县均有分布；生于海拔2 000～3 600 m的高寒草甸、河谷阶地及路旁等处。

[价　　值]牧草；入药；野菜。

三角叶蟹甲草 *Parasenecio deltophyllus* 菊科 蟹甲草属

Triangular-leaf Parasenecio；sān jiǎo yè xiè jiǎ cǎo

[植物形态]多年生草本①。茎单生，高50～80 cm，直立，具明显的沟棱，被疏生柔毛或近无毛，叶具柄，下部叶在花期枯萎脱落，中部叶三角形②，顶端急尖，基部截形或楔形，边缘具不规则的浅波状齿，齿端钝，具小尖头，上面无毛，下面被疏短柔毛，基生3～5脉；上部叶渐小，顶部叶披针形，具短叶柄，头状花数个至10个，下垂，在茎端或上部叶腋排列成伞房花序①③；花序梗长10～30 mm，被疏卷毛和腺毛，具3～8线形小苞片。总苞钟状。小花多数，花冠黄色或黄褐色。瘦果，冠毛白色③。花期7-9月。

[生境分布]碌曲、玛曲、夏河及合作均有分布；生于海拔2 800～4 000 m的林缘及灌丛等处。

[价　　值]杂类草。

毛茛科

多年生或一年生草本，少有灌木或木质藤本。叶通常互生或基生，少数对生，单叶或复叶，通常掌状分裂，无托叶；叶脉掌状，偶尔羽状，网状联结，少有开放的两叉状分枝。花两性，少有单性，雌雄同株或雌雄异株，辐射对称，稀为两侧对称，单生或组成各种聚伞花序或总状花序。萼片下位，4~5，或较多，或较少，绿色，花瓣不存在或特化成分泌器官时常较大，呈花瓣状，有颜色。花瓣存在或不存在，下位，4~5，或较多，常有蜜腺并常特化成分泌器官，这时常比萼片小，呈杯状、筒状、二唇状，基部常有囊状或筒状的距。雄蕊下位，多数，有时少数，螺旋状排列，花药2室，纵裂。退化雄蕊有时存在。心皮分生，少有合生，多数、少数或1枚，在多少隆起的花托上螺旋状排列或轮生，沿花柱腹面生柱头组织，柱头不明显或明显；胚珠多数、少数至1个，倒生。果实为蓇葖果或瘦果，少数为蒴果或浆果。种子有小的胚，丰富的胚乳。

我国毛茛科植物有42属720种，其中30属约220种可供药用，如黄连、乌头、丹皮、赤芍、白芍、天麻、驴蹄草等。本科植物还有其他用途，如乌头、大茛、升麻等可作土农药；耧斗菜属的某些种类可供用；金莲花属某些种的种子可供工业用；唐松草的叶可提制栲胶；牡丹、芍药、乌头、翠雀等毛茛科植物可供观赏。

经调查，甘南常见毛茛科植物16种，其中侧金盏花属1种，蓝侧金盏花；银莲花属3种，草玉梅、小花草玉梅和大火草；升麻属1种，升麻；铁线莲属3种，甘青铁线莲、美花铁线莲和黄花铁线莲；驴蹄草属1种，花葶驴蹄草；唐松草属2种，滇川唐松草和高山唐松草；毛茛属1种，高原毛茛；碱毛茛属1种，三裂碱毛茛；翠雀属1种，蓝翠雀花；乌头属2种，露蕊乌头和铁棒锤。

蓝侧金盏花 *Adonis coerulea* 毛茛科 侧金盏花属

Skyblue Adonis；lán cè jīn zhǎn huā

[植物形态]多年生草本①。茎高3~15 cm，常在近地面处分枝，基部和下部有数个鞘状鳞片。茎下部叶有长柄，上部的有短柄或无柄；叶片长圆形或长圆状狭卵形，少有三角形，二至三回羽状细裂，裂片3~5对，稍互生，末回裂片狭披针形或披针状线形，顶端有短尖头①②；叶柄长达3.2 cm，基部有狭鞘。花直径1~1.8 cm；萼片5~7，倒卵状椭圆形或卵形，长4~6 mm，顶端圆形，**花瓣约8，淡紫色或淡蓝色，狭倒卵形③**。瘦果倒卵形，下部有稀疏短柔毛。花果期6~9月。

[生境分布]碌曲、玛曲均有分布；生于海拔3 000~4 200 m的高寒草甸等处。

[价　　值]季节性毒草，全草入药。

草玉梅 *Anemone rivularis* 毛茛科 银莲花属

Brooklet Windflower; cǎo yù méi；虎掌草、白花舌头草、风见黄

[植物形态]多年生草本。植株高**10~65 cm**。基生叶3~5，有长柄；**叶片肾状五角形①**，3全裂，中全裂片宽菱形或菱状卵形，有时宽卵形，3深裂，深裂片上部有少数小裂片和锯齿，侧全裂片不等2深裂，两面被糙伏毛；叶柄被白色柔毛，基部有短鞘。花葶1~3条，直立；聚伞花序1~3回分枝；苞片3或4，有柄，近大，似基生叶，宽菱形，**3裂近基部**，一回裂片多少细裂，柄扁平，膜质；**花直径1.3~3 cm**；萼片6~10枚，白色，倒卵形或椭圆状倒卵形②，外面被疏柔毛，顶端密被短柔毛。瘦果狭卵球形③，稍扁，宿存花柱钩状弯曲。花果期6~10月。

[生境分布]碌曲、玛曲、夏河、合作均有分布；生于海拔2 600~3 400 m的山地草坡及灌丛等处。

[价　　值]季节性毒草；根状茎入药。

小花草玉梅 *Anemone rivularis* 毛茛科 银莲花属

Littleflower Brooklet Windflower；xiǎo huā cǎo yù méi

[植物形态]小花草玉梅与草玉梅的区别是苞片的深裂片通常不分裂，披针形至披针状条形；花较小，直径1～1.8 cm；萼片5（-6）⑤，狭椭圆形或倒卵状狭椭圆形，长6～9 mm，宽2.5～4 mm。植株常粗壮，高42～125 cm。

[生境分布]碌曲、玛曲、夏河、合作均有分布；生于海拔2600～3400 m以卜的高寒草甸及灌丛等处。

[价　　值]季节性毒草，全草入药。

①

大火草 *Anemone tomentosa* 毛茛科 银莲花属

Tomentose Windflower；dà huǒ cǎo；野棉花，大头翁

[植物形态]多年生草本，植株高40~150cm①。**基生叶3~4，有长柄，为三出复叶**①，有时有1~2叶为单叶；中央小叶有长柄，小叶片卵形至三角状卵形，顶端急尖，基部浅心形、心形或圆形，三浅裂至三深裂，边缘有不规则小裂片和锯齿，表面被糙伏毛，背面密被白色绒毛，侧生小叶稍斜，叶柄与花葶都密被白色或淡黄色短绒毛。**聚伞花序长26~38cm**①，2~3回分枝；苞片3，与基生叶相似，不等大，有时1个为单叶，三深裂；花梗有短绒毛；**萼片5，淡粉红色或白色，倒卵形、宽倒卵形或宽椭圆形**①，背面有短绒毛。聚合果球形，**瘦果有细柄，密被绵毛**②。花果期7~10月。

[生境分布]除玛曲外甘南各市县均有分布；生于海拔1500~3000m的干旱山坡、林缘灌丛及河谷等处。

[价　　值]杂类草；根入药；茎可搓绳；种子可榨油亦可作填充物。

升麻 *Cimicifuga foetida* 毛茛科 升麻属

Skunk Bugbane；shēng má；绿升麻

[植物形态]多年生草本。茎高1~2 m①，微具槽，分枝，被短柔毛。叶为二至三回三出状羽状复叶②；茎下部叶的叶片三角形，宽达30 cm；顶生小叶具长柄，菱形，常浅裂，边缘有锯齿，侧生小叶具短柄或无柄，斜卵形，比顶生小叶略小，表面无毛，背面沿脉疏被白色柔毛；叶柄长达15 cm。上部的茎生叶较小，具短柄或无柄。花序具分枝3~20条，长达45 cm，下部的分枝长达15 cm；轴密被灰色或锈色的腺毛及短毛；苞片钻形，比花梗短；萼片倒卵状圆形，白色或绿白色。蓇葖果长圆形，顶端有短喙；种子褐色，四周有鳞翅。花果期7~10月。

[生境分布]除玛曲外甘南各市县；生于海拔1 300~3 000 m的林缘及灌木丛中。

[价　　值]杂类草；根茎入药。

甘青铁线莲 *Clematis tangutica* 毛茛科 铁线莲属

Tangut Clematis；gān qīng tiě xiàn lián

[植物形态]多年生落叶藤本①，长1~4 m。主根粗壮，木质。茎有明显的棱②，幼时被长柔毛，后脱落。一回羽状复叶，小叶5~7③；小叶基部常浅裂、深裂或全裂，侧生裂片小，中裂片较大，卵状长圆形、狭长圆形或披针形，顶端钝，有短尖头，基部楔形，边缘有不整齐缺刻状的锯齿，上面有毛或无毛，下面有疏长毛；花单生，有时为单聚伞花序，有3花，腋生④；花序梗粗壮，有柔毛；花萼4，钟状，黄色外面带紫色，斜上展，狭卵形、椭圆状长圆形，顶端渐尖或急尖，外面边缘有短绒毛，中间被茸毛，内面无毛，或近无毛。瘦果倒卵形，有长柔毛④。花果期6~10月。

[生境分布]甘南各市县均有分布；生于海拔1 800~3 500 m的砾石山坡、崖边、河滩及灌丛等处。

[价　　值]杂类草；茎、叶入药。

美花铁线莲 *Clematis potaninii* 毛茛科 铁线莲属

Beauty-flower Clematis；měi huā tiě xiàn lián

[植物形态]多年生落叶藤本①。茎有纵沟，紫褐色，有短柔毛②，幼时较密，老时外皮剥落。一至二回羽状复叶对生②，或数叶与新枝簇生，基部有三角状宿存芽鳞，小叶5～15，茎上部有时为三出叶，基部二对常2～3深裂、全裂至3小叶，顶生小叶常3浅裂至深裂；小叶薄纸质，倒卵状椭圆形、卵形至宽卵形，边缘有缺刻状锯齿，两面有贴伏短柔毛。花单生或聚伞花序有3花，腋生；萼片5～7，开展，白色，楔状倒卵形或长圆状倒卵形，外面有短柔毛，中间带褐色部分呈长椭圆状，内面无毛。瘦果。花果期6～10月。

[生境分布]除玛曲外甘南各市县均有分布；生于海拔1 700～3 000 m的山坡或山谷下或林边等处。

[价　　值]杂类草；茎入药。

黄花铁线莲 *Clematis intricata* 毛茛科 铁线莲属

Yellow-flower Clematis；huáng huā tiě xiàn lián；透骨草

[植物形态]多年生落叶藤本①。茎纤细，多分枝，有细棱，近无毛或有疏短毛。二回羽状复叶；小叶具柄，2～3全裂或深裂②，浅裂，中间裂片线状披针形、披针形或狭卵形，顶端渐尖，基部楔形，全缘或有少数锯齿，两侧裂片较短，下部常2～3浅裂。聚伞花序腋生，通常为3花，有时单花①；中间花梗无小苞片，侧生花梗下部有2片对生的小苞片，苞片叶状，较大，全缘或2～3浅裂至全裂；萼片4，黄色，狭卵形或长圆形。瘦果被柔毛，宿存花柱被长柔毛。花果期6～9月。

[生境分布]甘南各市县均有分布；生于海拔2 100～3 000 m的山坡、草地、路旁及灌丛等处。

[价　　值]杂类草；全草入药。

花葶驴蹄草 *Caltha scaposa* 毛茛科 驴蹄草属

Scapose Marshmarigold；huā tíng lǘ tí cǎo

[植物形态]多年生草本①。茎直立或斜升，1～10条，高3.5～18（24）cm②，通常只在顶端生1朵花②③，无叶或有时在中部或上部生1个叶，在叶腋不生花或有时生出1朵花，稀生2个叶。基生叶3～10，有长柄；**叶片心状卵形或三角状卵形，有时肾形，顶端圆形，基部深心形，与叶柄连接处带紫色斑点**①、边缘全缘或带波形，有时疏生小锯齿，基部具膜质长鞘。茎生叶如存在时极小，具短柄或有时无柄。**花单独生于茎顶部或2朵排列成单歧聚伞花序，萼片黄色，倒卵形、椭圆形或卵形，顶端圆形**②③；种子黑色，肾状椭圆球形。果果期6～9月。

[生境分布]玛曲、碌曲、夏河、合作均有分布；生于海拔2 800～4 000 m的高寒草甸及沟谷湿地等处。

[价　　值]杂类草；全草入药。

滇川唐松草 *Thalictrum finetii* 毛茛科 唐松草属

Yuannan and Sichuan Meadowrue；diān chuān táng sōng cǎo；草黄连

[植物形态]多年生草本①。茎高50～200 cm，有浅纵槽，变无毛，分枝。基生叶和最下部茎生叶在开花时枯萎。茎中部叶具短柄，为三至四回三出或近羽状复叶②；小叶草质，顶生小叶有短柄，菱状倒卵形、宽卵形或近圆形，顶端圆形，有短尖，基部宽楔形、圆形或圆截形，三浅裂，边缘有疏钝齿或有时全缘②，表面无毛，脉稍凹陷，背面脉稍隆起或平，沿脉有密或疏的短毛；叶柄长约2 cm，有鞘，托叶狭，边缘常不规则浅裂。**花序圆状，长达30 cm，有稀疏的花**①；**萼片4～5，白色或淡绿黄色，椭圆状卵形，脱落**①；瘦果扁平，半圆形或半倒卵形，有短毛，两侧各有1条弧状弯曲的纵肋，周围有狭翅③。花果期7-10月。

[生境分布]碌曲、玛曲均有分布；生于海拔2 800～3 800 m的高山灌丛及路旁等处。

[价　　值]杂类草；根入药。

高山唐松草　*Thalictrum alpinum*　毛茛科 唐松草属

Alpine Meadowrue；gāo shān táng sōng cǎo

[植物形态]多年生草本①，全草无毛。叶4～5个或更多，均基生，为二回羽状三出复叶②；小叶薄革质，有短柄或无柄，圆菱形、菱状宽倒卵形或倒卵形，基部圆形或宽楔形，三浅裂，浅裂片全缘，脉不明显②。花葶1～2条，高6～20 cm，不分枝，**总状花序**；苞片狭卵形；花梗向下弯曲；萼片4，脱落，椭圆形；**雄蕊7～10，花药狭长圆形，顶端有短尖头，花丝丝形；心皮3～5，柱头约与子房等长，箭头状**。瘦果无柄或有不明显的柄，狭椭圆形，有8条粗纵肋。花果期6～9月。

[生境分布]碌曲、玛曲、夏河、合作均有分布；生于海拔2 800～3 800 m的高山草甸及灌丛等处。

[价　　值]杂类草；全草入药。

高原毛茛　*Ranunculus tanguticus*　毛茛科 毛茛属

Plateau Buttercup；gāo yuán máo gèn；结察

[植物形态]多年生草本①②。须根基部稍增厚呈纺锤形。茎直立或斜升，高10～30 cm，多分枝，被白柔毛。基生叶多数，和下部叶均有被柔毛的长叶柄；叶片圆肾形或倒卵形，三出复叶，小叶2～3回3全裂或深、中裂，末回裂片披针形至条形②，顶端稍尖，两面或下面贴生白柔毛；小叶柄短或近无。上部叶渐小，3～5全裂，裂片条形，有短柄至无柄，基部具被柔毛的膜质宽鞘。**花**多，单生于茎顶和分枝顶端；花梗被白柔毛，在果期伸长；萼片椭圆形；**花瓣5片，黄色③**；聚合果长圆形；瘦果卵球形，无毛，喙直伸或弯弓。花果期6～9月。

[生境分布]玛曲、碌曲、夏河、合作均有分布；生于海拔2 900～4 000 m的山坡、沟边及沼泽湿地等处。

[价　　值]杂类草；全草入药。

三裂碱毛茛 *Halerpestes tricuspis* 毛茛科 碱毛茛属

Trilobated Soda Buttercup; sān liè jiǎn máo gèn

[植物形态]多年生草本。匍匐茎横走，节处生根和簇生数叶①。叶基生，质地较厚，形状多变异，菱状楔形至宽卵形，基部楔形至截圆形，3中裂至3深裂，有时侧裂片2~3裂或有齿，中裂片较长，长圆形，全缘，脉不明显，无毛或有柔毛①；叶柄长1~2 cm，基部有膜质鞘。花葶高2~4 cm或更高，无毛或有柔毛，无叶或有1苞片；花单生；萼片卵状长圆形，边缘膜质；花瓣5，黄色或表面白色，狭椭圆形，顶端稍尖，有3~5脉。聚合果近球形②；瘦果，斜倒卵形，有3~7条纵肋，具喙。花果期5~8月。

[生境分布]碌曲、玛曲均有分布；生于海拔3 000~3 900 m的沼泽、水边及湿地等处。

[价　　值]杂类草；入药。

蓝翠雀花 *Delphinium caeruleum* 毛茛科 翠雀属

Skyblue Larkspur；lán cuì què huā；鸽子花，百部草

[植物形态]多年生草本。茎高8~60 cm①，与叶柄均被反曲的短柔毛，通常自下部分枝。基生叶有长柄；叶片近圆形，三全裂，中央全裂片菱状倒卵形，细裂，末回裂片条形，顶端有短尖，侧全裂片扇形，2~3回细裂，表面密被短伏毛，背面的毛较稀疏且较长；叶柄基部有狭鞘。茎生叶似基生叶，渐变小。伞房花序呈伞状，有1~7花②；下部苞片叶状或三裂，其他苞片线形；萼片紫蓝色，稀白色，椭圆状倒卵形或椭圆形②，外面有短柔毛，有时基部密被长柔毛，距钻形，花瓣蓝色①②，无毛；退化雄蕊蓝色，瓣片宽倒卵形或近圆形，顶端不裂或微凹，腹面被黄色髯毛②；花丝疏被短毛或无毛；子房密被短柔毛。蓇葖果③；种子卵状四面体形，沿棱有狭翅。花果期7~10月。

[生境分布]甘南各市县均有分布；生于海拔2 100~3 900 m的山地草坡等处。

[价　　值]节性毒草；全草入药。

152

露蕊乌头 *Aconitum gymnandrum* 毛茛科 乌头属

Nakedstamen Monkshood; lù ruǐ wū tóu; 泽兰、罗贴巴

[植物形态]一年生或越年生草本。茎高（6-）25～55（100）cm，被疏或密的短柔毛，下部有时变无毛，常分枝。基生叶1～6，与最下部茎生叶通常在开花时枯萎；**叶片宽卵形或三角状卵形**②，三全裂，全裂片二至三回深裂，小裂片狭卵形至狭披针形，表面疏被短伏毛，背面沿脉疏被长柔毛或变无毛；下部柄长4～7cm，上部的叶柄渐变短，具狭鞘。**总状花序有6～16朵花**③；基部苞片似叶，其他下部苞片三裂，中部以上苞片披针形至条形；小苞片生花梗上部或顶部，叶状至条形；**萼片5枚，花瓣状，蓝紫色**③，**稀白色**，外面疏被柔毛，有较长爪，上萼片船形；花瓣2枚，疏被缘毛，距短，头状，疏被短毛。**蓇葖果**④，**种子倒卵球形，密生横狭翅**。花果期6-10月。

[生境分布]甘南各市县均有分布；生于海拔2400～3600m的撂荒地、路旁及村旁空地等处。

[价　　值]季节性毒草；块根入药。

铁棒锤 *Aconitum pendulum* 毛茛科 乌头属

Pendulous Monkshood; tiě bàng chuí; 雪上一支蒿，一枝箭

[植物形态]多年生草本。**块根倒圆锥形**。茎高26～100cm，上部疏被短柔毛，中部以上茎生叶紧密排列，具短柄；**叶片宽卵形，裂片细裂**①，**小裂片条形，两面无毛**。**顶生总状花序6～20cm**②，轴和花梗密被伸展的黄色短柔毛；下部苞片叶状，或三裂，上部苞片条形；**萼片5，黄色，常带绿色，稀蓝色、黄色**，外面被近伸展的短柔毛，**上萼片船状镰刀形或镰刀形**，具爪，侧萼片圆倒卵形，下萼片斜长圆形③；花瓣无毛或疏毛。**蓇葖果**④，种子倒卵状三棱形。花果期7-9月。

[生境分布]除迭部、舟曲外甘南各市县均有分布；生于海拔2800～4200m的高寒草甸及林缘等处。

[价　　值]季节性毒草；根入药。

莎草科

　　莎草科植物一般为多年生草本，较少为一年生；多数具根状茎稀兼具块茎。秆大多三棱形或钝三棱形。叶基生和秆生，一般具闭合的叶鞘和狭长的叶片，或有时仅有鞘而无叶片。花序有穗状花序、总状花序、圆锥花序、头状花序或长侧枝聚伞花序；小穗单生、簇生或排列成穗状或头状，具2至多数，或退化至仅具1花；花两性或单性，雌雄同株，少有雌雄异株，着生于鳞片（颖片）腋间，鳞片覆瓦状螺旋排列或二列，无花被或花被退化成下位鳞片或下位刚毛，有时雌花为先出叶所形成的果囊所包裹；雄蕊3个，少有1~2个，花丝线形，花药底着；子房一室，具一个胚珠，花柱单一，柱头2~3个。果实为小坚果，三棱形，双凸状，平凸状，或球形。

　　全世界莎草科植物约80余属4000余种，我国有28属500余种，广布于全国。经调查，甘南州常见的莎草科植物共有9种，其中嵩草属植物4种，高山嵩草、线叶嵩草、矮生嵩草、西藏嵩草；苔草属植物5种，黑褐穗苔草、糙喙苔草、无脉苔草及尖苞苔草；扁穗草属植物1种，华扁穗草。

高山嵩草 *Kobresia pygmaea* 莎草科 嵩草属

Alpine Kobresia; gāo shān sōng cǎo

[植物形态] 多年生草本①。根状茎，密丛生。秆高 ~ 3.5 cm②，圆柱形，有细棱③，无毛，基部具密集的褐色宿存叶鞘。叶与秆近等长，线形，坚挺，腹面具沟③，边缘粗糙。穗状花序雄雌顺序，少有雌雄异序，椭圆形；支小穗 ~ 7个，密生，顶生的2 ~ 3个雄性，侧生的雌性，少有全部为单性；雄花鳞片长圆状披针形，长3.8 ~ 4.5 mm，膜质，褐色，有3枚雄蕊；雌花鳞片宽卵形、卵形或卵状长圆形，长2 ~ 4 mm，顶端圆形或钝，具短尖或短芒，纸质，两侧褐色，具狭的白色膜质边缘，中间淡黄绿色，有3条脉。先出叶膜质，椭圆形，长2 ~ 4 mm，褐色，顶端带白色，钝，在腹面，边缘分离达基部，背面具粗糙的2脊。小坚果椭圆形或倒卵状椭圆形，扁三棱形。花果期6-9月。

[生境分布] 碌曲、玛曲、夏河、合作均有分布；生于海拔3200 ~ 4200m的高寒草甸等处。

[价　值] 牧草。

线叶嵩草 *Kobresia capillifolia* 莎草科 嵩草属

Linerleaf Kobresia；xiàn yè sōng cǎo

[植物形态] 多年生草本。根状茎，秆密丛生，柔软，高 10~45 cm，钝三棱形①②，基部具栗褐色宿存叶鞘。叶短于秆①②，柔软，丝状，腹面具沟。穗状花序线状圆柱形③④，长 2~4.5 mm，粗2~3 mm；支小穗多数，除下部的数个有时疏远外，其余的密生，顶生的雄性，侧生的雄雌顺序，在基部雌花之上具2~4朵雄花。鳞片长圆形，椭圆形至披针形，长4~6 mm，顶端渐尖或钝，纸质，褐色或栗褐色，边缘为宽的白色膜质，中间淡褐色，具3条脉。先出叶膜质，椭圆形，长圆形或狭长圆形，长 3.5~6 mm，褐色或栗褐色，上部白色，腹面边缘分离至3/4处，背面具1~2条脊，脊间具1~2条脉，顶端圆形或截形。小坚果椭圆形或倒卵状椭圆形，少有长圆形，三棱形或扁三棱形，成熟时深灰褐色，有光泽，基部几无柄，顶端具短喙或几无喙。花果期5~9月。

[生境分布] 甘南各市县有分布；生于海拔1 800~3 800 m的高寒草甸等处。

[价　　值] 牧草。

矮生嵩草 *Kobresia humilis* 莎草科 嵩草属

Low Kobresia；ǎi shēng sōng cǎo

[植物形态] 多年生草本，根状茎短。秆密丛生，高3~15 cm，钝三棱形①②，基部具褐色的宿存叶鞘。叶短于秆，下部对折，上部平张，宽1~2 mm，边缘稍粗糙③④。穗状花序椭圆形或长圆形②③，长8~17 mm，粗4~6 mm；支小穗通常4~10余个，密生，顶生的雄性，侧生的雄雌顺序，在基部雌花之上具2~4朵花；鳞片长圆形或宽卵形，长4~5 mm，顶端圆或钝，无短尖，纸质，两侧褐色，具狭的白色膜质边缘，中间绿色，有3条脉。先出叶膜质，长圆形或椭圆形，长3.5~5 mm，淡褐色，在腹面的边缘分离几达基部，背面具微粗糙的2脊。小坚果椭圆形或倒卵形，三棱形，长2.5~3 mm，成熟时暗灰褐色，有光泽，基部几无柄，顶端具短喙。花果期6~9月。

[生境分布] 碌曲、玛曲、夏河、合作均有分布；生于海拔 2 600~3 800 m的高山草甸及河谷阶地等处。

[价　　值] 牧草。

西藏嵩草 *Kobresia tibetica* 莎草科 嵩草属

Tibetan Kobresia；xī zàng sōng cǎo

[植物形态] 多年生草本，根状茎短。秆密丛生，高20~50cm①②，钝三棱形，基部具褐色至褐棕色的宿存叶鞘。叶短于秆①②，丝状，腹面具沟。穗状花序椭圆形或长圆形③，长1.3~2cm，粗3~5mm；支小穗多数，密生，顶生的雄性，侧生的雌雄顺序，在基部雌花之上具3~4朵雄花。鳞片长圆形或长圆状披针形，长3.5~4.5mm，顶端圆形或钝，无短尖，膜质，背面淡褐色、褐色至栗褐色，两侧及上部均为白色透明的薄膜质，具条中脉。先出叶膜质，长圆形或卵状长圆形，长2.5~3.5mm，淡褐色，在腹面边缘分离几至基部，顶端截形或微凹。小坚果椭圆形、长圆形或倒卵状长圆形，扁三棱形，长2.3~3mm，成熟时灰色，有光泽，基部几无柄，顶端骤缩成短喙。花果期5~8月。

[生境分布] 碌曲、玛曲、夏河、合作均有分布；生于海拔3 000~4 600m的高寒草甸及沼泽草甸等处。

[价　　值] 牧草。

黑褐穗苔草 *Carex atrofusca* 莎草科 苔草属

Sedge with Black-brown Spike；hēi hè suì tái cǎo

[植物形态] 多年生草本，根状茎长而匍匐。秆高10~70cm，三棱形，平滑，基部具褐色的叶鞘①。叶短于秆①②，长为秆的1/7~1/5，宽2~5mm，平张，淡绿色，顶端渐尖。苞片最下部的1个短叶状，绿色，短于小穗，具鞘，上部的鳞片状，暗紫红色。小穗2~5个，顶生1~2个，雄性，长圆形或卵形，长7~15mm，宽约6mm；其余小穗雌性，椭圆形或长圆形，长8~18mm，宽6~9mm，花密生；小穗柄纤细，长0.5~2.5cm，稍下垂③。雌花鳞片卵状披针形或长圆状披针形，长4.5~5mm，暗紫红色或中间色淡，先端长渐尖，顶端具白色膜质，边缘为狭的白色膜质。果囊长于鳞片，长圆形或椭圆形，长4.5~5.5mm，宽2.5~2.8mm，扁平，上部暗紫色，下部麦秆黄色，基部近圆形，顶端急缩成短喙，喙口具2齿。小坚果疏松地包于果囊中，长圆形，扁三棱状。花果期7~8月。

[生境分布] 碌曲、玛曲、夏河、合作均有分布；生于海拔3 000~4 500m的高寒灌丛、草甸及林下等处。

[价　　值] 牧草。

糙喙苔草 *Carex scabrirostris* 莎草科 苔草属

Coarse-beak Sedge；cāo huì tái cǎo

[植物形态]多年生草本，根状茎垂直向下。秆高**25～70 cm**，平滑，基部具暗褐色分裂成纤维状的老叶鞘①。叶短于秆，宽1～3 mm，平张，边缘稍粗糙。苞片叶状，短于花序，具长鞘，鞘长1.2～3 cm。小穗3～5①②，上部1～2（3）雄性，接近，圆柱形，长1～2 cm，宽4～6 mm。雌花鳞片卵形或卵状披针形，长3.5～4 mm，顶端渐尖，具短尖，暗褐色，具白色膜质边缘，脉条。果囊长于鳞片近**2倍**，披针形，稍扁三棱形，长**6～7 mm**，下部麦秆黄色，上部暗褐色，膜质，两侧边缘具短糙毛，上部急缩成长喙，喙口斜截形，白色膜质。小坚果倒卵状长圆形，扁三棱形，淡褐色。果期7～8月。

[生境分布]甘南各市县均有分布；生于海拔3 000～4 200 m的高寒草甸、灌丛及林缘等处。

[价　　值]牧草。

无脉苔草 *Carex enervis* 莎草科 苔草属

Non-vain Sedge；wú mài tái cǎo

[植物形态]多年生草本，根状茎匍匐①。秆高**10～30 cm**，三棱形，上部粗糙，下部平滑，基部具淡褐色的叶鞘①②。叶短于秆，宽2～3 mm，平张或对折，灰绿色，边缘粗糙，先端渐尖。苞片刚毛状或鳞片状。小穗多数，雄雌顺序，较紧密地聚集成卵形或长圆形的穗状花序③，花序长1～2 cm，宽7～14 mm。雌花鳞片长圆状宽卵形，先端急尖或渐尖，具短尖，长3～3.5 mm，宽1.8～2 mm，淡褐色至锈色，具极狭的白色膜质边缘，中脉1条。果囊与鳞片近等长，长圆状卵形或椭圆形，平凸状，纸质，禾秆色至锈色，边缘加厚，稍向腹面弯曲，通常无脉或背面基部几条脉，腹面无脉，基部近圆形或楔形，先端渐尖成中等长的喙，喙边缘粗糙，喙口白色膜质，具2齿裂。小坚果包于果囊中，椭圆状倒卵形，长1.2～1.5 mm，宽约1 mm，浅灰色，具锈色花纹，有光泽。花果期6～8月。

[生境分布]碌曲、玛曲均有分布；生于海拔2 500～4 500 m的高寒草地及河谷阶地等处。

[价　　值]牧草。

尖苞苔草 *Carex microglochin* 莎草科 苔草属

Microglochin Sedge；jiān bāo tái cǎo

[植物形态]多年生草本，根状茎细弱，可伸长。秆密丛或疏生，高5～20 cm，近无棱，平滑。叶短于秆，内卷如针，质硬，平滑。小穗1个，顶生①，雄雌顺序，椭圆形，长约1 cm，雄花部分极短，具5～7朵花。雌花部分比雄花部分长，具4～12朵花。雌雄花鳞片深褐色至棕色，边缘白色透明膜质，雄者长圆状椭圆形，先端钝，具3脉，长约2.5 mm；雌花鳞片椭圆状长圆形，先端钝，长约3 mm，具3脉，早落。果囊长于鳞片，最初近直立，后逐渐向外反折，最后以其极短的柄弯曲而向下，披针状钻形，横切面近圆形，长3.5～4.5 mm，淡棕色，向上渐狭成喙，喙口透明膜质而近平截，平滑，厚纸质，具多条不明显的细脉，基部具海绵质。小坚果长圆形，长约2 mm，具极短的柄而埋于果囊的海绵质基部，腹面具一坚硬的延伸小穗轴，顶端尖锐，伸出果囊达2 mm；柱头3个，伸出果囊。花果期7～9月。

[生境分布]碌曲、玛曲均有分布；生于海拔3 500～5 100 m的湖边、河滩湿草地、高山草甸等处。

[价　　值]牧草。

华扁穗草 *Blysmus sinocompressus* 莎草科 扁穗草属

Chinese Oblate Spike Sedge；huá biǎn suì cǎo

[植物形态]多年生草本，根状茎匍匐①②，黄色，光亮，有节，节上生根，长2～7 cm，直径2.5～3.5 mm，鳞片黑色；秆近于散生，扁三棱形，高5～26 cm，具槽，中部以下生叶，基部有褐色或紫褐色老叶鞘。叶平张，边略内卷并有疏而细的小齿，渐向顶端渐狭，顶端三棱形，短于秆，宽1～3.5 mm；叶舌很短，白色，膜质。苞片叶状，一般高出花序；小苞片呈鳞片状；穗状花序一个，顶生，长圆形或狭长圆形，小穗3～10多个，排列近二列③④，密，最下部1至数个小穗通常远离；小穗卵披针形、卵形或长椭圆形，长5～7 mm，有2～9朵两性花；鳞片近二行排列，长卵圆形，顶端急尖，锈褐色，膜质，背部有3～5条脉，中脉呈为骨状突起，绿色，长3.5～4.5 mm；下位刚毛3～6条，卷曲，细而长，约6 mm，有倒刺；雄蕊3，花药长3 mm，狭长圆形，顶端具短尖。小坚果宽倒卵形，深褐色，长2 mm。花果期6～9月。

[生境分布]碌曲、玛曲、夏河、合作均有分布；生于海拔2 800～3 900 m的高寒草甸及溪边湿地等处。

[价　　值]牧草。

龙胆科

本科植物多为一年生或多年生草本。茎直立或斜升，稀缠绕。单叶，稀为复叶，对生，稀互生或轮生，全缘，基部合生，筒状抱茎或为一横线所联结；无托叶。花序一般为聚伞花序或复聚伞花序，或顶生的单花；花两性，极少数为单性，辐射状或两侧对称，一般4～5数，稀6～10数；花萼筒状、钟状或辐射状；花冠筒状、漏斗状或辐射状，基部全缘，稀有距，裂片在蕾中右向旋转排列，稀镊合状排列；雄蕊着生于冠筒上与裂片互生，花药背着生或基着生，二室，雌蕊由2个心皮组成，子房上位，一室，侧膜胎座，稀中轴胎座，二室；柱头全缘或2裂；胚珠多数；腺体或腺窝着生于子房基部或花冠上。蒴果，2瓣裂，稀不开裂。种子多数，具丰富的胚乳。

本科植物主要分布在北半球温带和寒温带，我国有22属427种，以龙胆属、獐牙菜属及肋柱花属等的种类为最多。龙胆属、报春花属及杜鹃花属通称为"三大名花"，是高山"五花草甸"的重要组成部分。本科植物含有多种化学成分，如三萜类、酮类、环烯醚萜类及香豆精等，具有除湿散风，止痛利便，清肝明目的功效。

经调查，甘南州常见龙胆科植物有14种，其中龙胆属9种，线叶龙胆、刺芒龙胆、管花秦艽、达乌里秦艽、麻花艽、黄管秦艽、条纹龙胆、蓝白龙胆和假水生龙胆；獐芽菜属2种，红直獐芽菜和祁连獐牙菜；花锚属1种，椭圆叶花锚；肋柱花属1种，大花肋柱花；扁蕾属1种，湿生扁蕾。

线叶龙胆 *Gentiana lawrencei* 龙胆科 龙胆属

Linearleaf Gentian；xiàn yè lóng dǎn

[植物形态]多年生草本，高5～10 cm①。返青较早，秋季进入迅速生长期。根肉质，须状。花枝多数丛生，铺散，斜升，黄绿色，光滑。莲座丛叶披针形；茎生叶多对，愈向茎上部愈密、愈长，下部叶狭矩圆形，中、上部叶条形，稀条状披针形③。花单生于枝顶，基部包围于上部茎生叶丛中；萼筒紫色或黄绿色②，筒形，裂片与上部叶同形，弯缺截形；花冠长是花萼的**2倍**，花冠上部亮蓝色，下部黄绿色，具蓝色条纹，无斑点④；裂片卵状三角形，全缘，褶宽卵形；蒴果椭圆形；种子黄褐色，表面具蜂窝状网隙。花果期9～10月。

[生境分布]除舟曲、迭部外甘南各市县均有分布；生于海拔2 400～4 600 m的高山草甸、灌丛及滩地等处。

[价　　值]杂类草；全草入药。

刺芒龙胆 *Gentiana aristata* 龙胆科 龙胆属

Aristate Gentian；cì máng lóng dǎn

[植物形态]一年生草本，高3～10 cm①。茎黄绿色，光滑，基部多分枝，铺散，斜升。基生叶卵形或卵状椭圆形，先端急尖，花期枯萎；茎生叶线状披针形，长5～10 mm，宽1.5～2 mm，愈向茎上部叶愈长，先端渐尖，边缘膜质，褶先端不整齐，短条状②。花多数，单生于茎顶；花梗黄绿色①②，光滑；花萼漏斗形，裂片线状披针形；花冠下部黄绿色，上部蓝色、深蓝色或紫红色，喉部具蓝灰色宽条纹，倒锥形②③，长12～15 mm，裂片卵形或卵状椭圆形，先端钝；雄蕊着生于冠筒中部；花柱线形，柱头狭矩圆形。蒴果，矩圆形或倒卵状矩圆形；种子黄褐色，表面具致密的细网纹。花果期7～10月。

[生境分布]除舟曲外甘南各市县均有分布；生于海拔2 800～4 600 m的高寒草甸、灌丛及阴湿地等处。

[价　　值]杂类草；全草入药。

管花秦艽 *Gentiana siphonantha* 龙胆科 龙胆属

Siphonantha Gentian; guǎn huā qín jiāo; 管花龙胆

[植物形态]多年生草本，高10～25cm①，全株光滑无毛，基部枯存的纤维状叶鞘包裹。根颈下数条根向左扭结成圆柱形。枝丛生，直立，**上部紫红色，下部黄绿色，近圆形**②。莲座丛叶条形③，长4～14cm，宽0.7～2.5cm，先端渐尖，叶脉3～5，两面均明显，下面突起，包被于枯存的纤维状叶鞘中；茎生叶与莲座丛叶相似而略小，长3～8cm，宽0.3～0.9cm。**花多数，无花梗，簇生枝顶及上部叶腋中呈头状**④；花萼小，长为花冠的1/5～1/4，萼筒常紫红色；**花冠深蓝色，筒状钟形**④。蒴果；种子褐色，表面具细网纹。花果期7～10月。

[生境分布]甘南各市县均有分布；生于海拔3 000～4 500m的高寒草甸、灌丛及河谷阶地等处。

[价　　值]杂类草；全草入药。

达乌里秦艽 *Gentiana dahurica* 龙胆科 龙胆属

Dahur Gentian; dá wū lǐ qín jiāo; 小叶秦艽、小秦艽、蓟芥

[植物形态]多年生草本，高10～25cm①②③，全株光滑无毛，基部被枯存的纤维状叶鞘包裹。根颈下数条根向左扭结成圆柱形。枝丛生，斜升，黄绿色或紫红色②③，近圆形，光滑。莲座丛披针形或狭状椭圆形①；茎生叶少，条状披针形至条形。**聚伞花序顶生及腋生**③，排列疏松；花梗斜伸，黄绿色或紫红色，极不等长；花萼筒膜质，黄绿色或带紫红色，筒形；**花冠深蓝色，**有时喉部具多数黄色斑点，**筒形或漏斗形**②③，裂片卵形或卵状椭圆形，全缘，褶整齐，三角形或卵形，先端钝，全缘或边缘啮蚀形；蒴果内藏，狭椭圆形；种子淡褐色，有光泽，表面有细网纹。花果期7～9月。

[生境分布]除舟曲、迭部外甘南各市县均有分布；生于海拔2 800～3 400m的高寒草甸等处。

[价　　值]杂类草；全草入药。

麻花艽 *Gentiana straminea* 龙胆科 龙胆属

Straw-yellow Gentian；má huā jiāo；蓟芥，解吉尕保

[植物形态]多年生草本，高10～35 cm①②③，全株光滑无毛，基部被枯存的纤维状叶鞘包裹。根棕褐色，根颈下数条根扭结成圆锥形。茎丛生，斜升，黄绿色，稀带紫红色，近圆形②③④。莲座丛宽披针形或卵状椭圆形，长10～20 cm，宽1～2 cm，具5脉①，全缘，基部联合成鞘状；茎生叶对生，条状披针形至条形。聚伞花序顶生及腋生，排列成疏松的花序②④；花梗斜伸，黄绿色，稀带紫红色；花萼筒膜质，黄绿色，一侧开裂呈佛焰苞状，萼齿2～5，稀线形；花冠黄绿色，喉部具多数绿色斑点，有时外面带紫色或蓝灰色，漏斗形④，裂片卵形或卵状三角形。蒴果；种子褐色，表面有细网纹。花果期7～10月。

[生境分布]除舟曲、迭部外甘南各市县均有分布；生于海拔2 300～3 800 m的高山草甸、灌丛及河滩等处。

[价　值]杂类草；全草入药。

黄管秦艽 *Gentiana officinalis* 龙胆科 龙胆属

Yellowtube Gentian；huáng guǎn qín jiāo；解吉那保

[植物形态]多年生草本，高15～35 cm①，全株光滑无毛，基部被枯存的纤维状叶鞘包裹。根颈下数条根扭结成圆柱形。枝丛生，斜升，黄绿色或上部带淡紫红色，近圆形。莲座丛叶披针形或椭圆状披针形，边缘微粗糙①，叶脉3～7；茎生叶披针形，边缘粗糙。花多数，无花梗，簇生枝顶呈头状或腋生作轮状②③；花萼长为花冠的1/4，萼筒膜质，黄绿色，一侧开裂呈佛焰苞状，先端截形或圆形，裂片5；花冠黄绿色，具蓝色细条纹或斑点，筒形，裂片卵形或卵圆形。蒴果；种子褐色，表面具细网纹。花果期8～9月。

[生境分布]除舟曲外甘南各市县均有分布；生于海拔2 300～4 200 m的高山草甸、灌丛及河滩等处。

[价　值]杂类草；全草入药。

条纹龙胆 *Gentiana striata* 龙胆科 龙胆属

Striated Gentian；tiáo wén lóng dǎn

[植物形态]一年生草本，高10～30 cm①②。根细弱。**茎淡紫色，直立或斜升，自基部分枝，具细条棱**②。叶对生，无柄，卵状披针形，长1～3 cm，宽0.5～1.2 cm，先端渐尖，抱茎呈短鞘，边缘粗糙或被短毛，下部边缘及基部毛稍密，叶脉1～3，下面沿中脉密被短柔毛，上面稀疏。**花单生茎顶端，淡黄色，有紫色条纹和斑点**③；花萼钟形，萼筒长1～1.3 cm，萼筒上具龙骨状肋，粗糙，裂片披针形，短于萼筒；**花冠漏斗状钟形**④。蒴果；种子三棱状，沿棱具翅，表面具网纹。花果期8～10月。

[生境分布]甘南各市县均有分布；生于海拔2 800～3 500 m的高山草甸及灌丛等处。

[价　　值]杂类草；全草入药。

蓝白龙胆 *Gentiana leucomelaena* 龙胆科 龙胆属

White and Blue Flower Gentian；lán bái lóng dǎn

[植物形态]一年生草本，高1.5～8 cm①。茎细弱，黄绿色②，光滑，基部多分枝，铺散，斜升。**花单生茎顶，光滑**②。花萼钟形，长4～5 mm，裂片三角形，长1.5～2 mm，先端钝，边缘膜质，狭窄，光滑，中脉细，弯缺狭窄，截形；**花冠白色或淡色，稀蓝色，外面具蓝灰色宽条纹，喉部具蓝色斑点，钟形，顶端5裂，裂片三角状披针形，短于萼筒**②③；褶先端截形，有细裂齿。蒴果；种子褐色，表面具光亮的念珠状网纹。花果期8～10月。

[生境分布]甘南各市县均有分布；生于海拔2 700～4 300 m的高寒草甸、灌丛、河谷阶地及沼泽等处。

[价　　值]杂类草；全草入药。

假水生龙胆 *Gentiana pseudoaquatica* 龙胆科 龙胆属

Pseudo-aquatica Gentian；jiǎ shuǐ shēng lóng dǎn

[植物形态]一年生草本，高3~5cm①。茎紫红色或黄绿色①②，密被乳突，自基部多分枝，丛生，枝再作多次二歧分枝，铺散，斜升。叶先端钝圆或急尖，外反，边缘软骨质，具极细乳突，两面光滑，中脉软骨质，背面凸起；基生叶大，花期枯萎，宿存，卵圆形或圆形；茎生叶疏离或密集，覆瓦状排列，倒卵形或匙形，叶档边缘具乳突，背面光滑，连合成长1~1.5mm的筒。花多数，单生于小枝顶端；花梗紫红色或黄绿色①②；花萼筒状漏斗形；花冠深蓝色，外面常具黄绿色宽条纹，漏斗形。蒴果有宽翅，两侧边缘有狭翅；种子褐色，表面具明显的细网纹。花果期6~9月。

[生境分布]甘南各市县均有分布；生于海拔2000~4500m的高寒草甸、灌丛、沼泽及河谷阶地等处。

[价　　值]杂类草；全草入药。

红直獐牙菜 *Swertia erythrosticta* 龙胆科 獐芽菜属

Red-straight Swertia；hóng zhí zhāng yá cài；红直当药

[植物形态]多年生草本，高20~50cm①②，具根茎。茎直立，常带紫色，中空，具明显的条棱，不分枝。基生叶花期枯萎凋落；茎生叶对生，具柄，叶片矩圆形、卵状椭圆形至卵形，先端钝，具5脉，两面均明显，下面凸起，叶柄扁平，下部连合成筒状抱茎，愈向茎上部叶愈小，至最上部叶无柄，苞叶状。复总状聚伞花序，顶生或腋生，花梗下垂，不等长；花5数；花冠绿色或黄绿色，具紫褐色斑点①，裂片矩圆形或卵状矩圆形，先端钝，基部具1个褐色圆形腺窝，边缘具长1.5~2mm的柔毛状流苏。蒴果；种子周缘具宽翅。花果期8~10月。

[生境分布]甘南各市县均有分布；生于海拔2100~4300m的高寒草甸、河谷阶地及林缘等处。

[价　　值]杂类草；全草入药。

祁连獐牙菜 *Swertia przewalskii* 龙胆科 獐芽菜属

Qilianshan Swertia; qí lián zhāng yá cài

[植物形态]多年生草本，高8～25 cm①，具短根茎。茎直立，黄绿色，近圆形②，中空。基生叶1～2对，具长柄，叶片椭圆形、卵状椭圆形至匙形，先端钝圆，基部楔形或圆形，渐狭成柄，叶脉3～5，下面细而明显，叶柄扁平；茎中部裸露无叶，上部1～2对极小的呈苞叶状的叶，卵状矩圆形，基部无柄，离生，半抱茎②，叶脉1～3，下面细而明显。简单或复聚伞花序狭窄，具3～9花，幼时密集，后疏离；花梗黄绿色稍带紫色，直立或伸，不整齐；花5数；花萼长为花冠的2/3，在果时与之等长，裂片狭披针形，先端渐尖，具明显的膜质边缘，脉不明显；花冠黄绿色，背面中央蓝色③，老时呈褐色，裂片披针形，先端渐尖或急尖，基部具2个腺窝，腺窝基部囊状，边缘具长1～1.5 mm的柔毛状流苏。蒴果；种子表面具纵皱褶。花果期7～9月。

[生境分布]甘南各市县均有分布；生于海拔2 900～4 000 m的高寒草甸、河谷阶地及阴湿地等处。

[价　　值]杂类草；全草入药。

椭圆叶花锚 *Halenia elliptica* 龙胆科 花锚属

Ellipticleaf Spurgentian; tuǒ yuán yè huā máo

[植物形态]一年生草本，高20～50 cm①②；茎直立，四棱开②③，具分枝。叶对生，椭圆形或卵形，长1.5～8 cm，无柄，下部叶匙形，具柄。聚伞花序顶生或腋生；花冠蓝色或蓝紫色，锚状，花冠4深裂，裂片椭圆形，顶端具尖头，基部具一平展之距，较花冠长④；蒴果，种子卵圆形，平滑。花果期7-9月。

[生境分布]除舟曲、迭部外甘南各市县均有分布；生于海拔2 400～3 500 m的高寒草甸、河滩及林缘等处。

[价　　值]杂类草；全草入药。

大花肋柱花 *Lomatogonium macranthum* 龙胆科 肋柱花属

Big Flower Felwort; dà huā lèi zhù huā

[植物形态]一年生草本，高7～35 cm①②。茎常带紫红色③，分枝少而稀疏，斜升，近四棱形，节间长于叶。叶无柄，卵状三角形、卵状披针形或披针形，茎上部叶较小，先端急尖或钝，基部钝，叶脉不明显或中脉下面明显。花5数，生于分枝顶端，不等大，直径一般2～2.5 cm；花梗痩瘦，弯垂或斜升，近四棱形，带紫色，不等长，长至9 cm；花萼长为花冠的1/2～2/3，裂片狭披针形至线形，稍不整齐，先端急尖，边缘微粗糙，背面中脉明显；花冠蓝紫色，具深色纵脉纹④，裂片矩圆形或矩圆状倒卵形，先端急尖或钝，具小尖头，基部两侧各具1个腺窝，腺窝管形，基部稍合生，边缘具长约3 mm的裂片状流苏；花药蓝色，狭矩圆形；蒴果；种子表面微粗糙。花果期8-10月。

[生境分布]除舟曲、迭部外甘南各市县均有分布；生于海拔2500～4000 m的高寒草甸及林缘等处。

[价　值]杂类草；全草入药。

湿生扁蕾 *Gentianopsis paludosa* 龙胆科 扁蕾属

Swampy Gentianopsis; shī shēng biǎn lěi; 沼生扁蕾，假斗那饶、结赫斗

[植物形态]一年生草本，高3.5～40 cm①②。茎单生，直立或斜升，近圆形。叶对生，基生叶3～5对，匙形，边缘具乳突；茎叶1～4对，矩圆形或椭圆状披针形，边缘具乳突，基部钝，离生。花单生茎或分枝顶端③④；花梗直立；花萼圆筒状钟形，长为花冠的1/2，背脊具4条龙骨状凸起，顶端4裂，裂片等长，内歪较宽；花冠蓝色，或下部黄白色，上部蓝色，宽筒形，顶端4裂③④，裂片椭圆形，边缘具微齿，基部边缘具流苏状毛；蒴果；种子具指状凸起。花果期8-9月。

[生境分布]除舟曲、迭部外甘南各市县均有分布；生于海拔3 000～4 500 m的高寒草甸及河谷阶地等处。

[价　值]杂类草；全草入药。

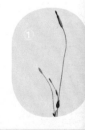

豆　科

　　本科多为乔木、灌木、亚灌木或草本，直立或攀援，常具固氮根瘤。叶通常互生，稀对生，常为一回或二回羽状复叶，少数为掌状复叶或3小叶、单小叶，或单叶，稀为叶状柄，叶具叶柄或无；托叶有或无，有时叶状或变为棘刺。花两性，稀单性，辐射对称或两侧对称，通常排成总状花序、聚伞花序、穗状花序、头状花序或圆锥花序；花被2轮；萼片（3-）（6），分离或连合成管，有时二唇形，稀退化或消失；花瓣（0-）5（6），常与萼片的数目相等，稀较少或无，分离或连合成具花冠裂片的管，大小相等或不等，或有时构成蝶形花冠，近轴的1片称旗瓣，侧生的2片称翼瓣，远轴的2片常合生，称龙骨瓣，遮盖住雄蕊和雌蕊；雄蕊通常10，有时5或多数，分离或连合成管，单体或二体雄蕊，花药2室，纵裂或有时孔裂，花粉单粒或复合花粉；雌蕊通常由单心皮所组成，稀较多且离生，子房上位，1室，基部常有柄或无，沿腹缝线具侧膜胎座，胚珠2至多个，悬垂或上升，排成互生的2列，横生、倒生或弯生；花柱和柱头单一，顶生。果为荚果，形状多样，成熟后沿缝线开裂或不裂，或断裂成含单粒种子的荚节；种子通常具革质或有时膜质的种皮，生于长短不等的珠柄上，有时由珠柄形成一多少肉质的假种皮，胚大，胚乳无或极薄。

本科植物具有重要的经济价值，苜蓿、紫云英、三叶草、草木樨、苕子等是优良的绿肥和饲料作物；决明子、甘草、黄芪、苦参、鸡血藤等是药用植物；金合欢、阿拉伯树胶、苏木等用于医药、印染及其他工业；凤凰木、刺槐、槐、黄檀等可用于绿化造林。

经调查，甘南州常见豆科植物14种，其中苜蓿属2种，天蓝苜蓿和花苜蓿；棘豆属2种，青海棘豆和黄花棘豆；野决明属1种，披针叶野决明；锦鸡儿属2种，短叶锦鸡儿和鬼箭锦鸡儿；野豌豆属3种，歪头菜、广布野豌豆和救荒野豌豆；黄耆属2种，糙叶黄耆、黑紫花黄耆；岩黄耆属1种，红花岩黄耆；米口袋属1种，米口袋。

天蓝苜蓿 *Medicago lupulina* 豆科 苜蓿属

Tianlan Medicago; tiān lán mù xu；天蓝

[植物形态]草本，高15～60 cm①②，全株被柔毛或有腺毛。主根浅，须根发达。茎平卧或上升，多分枝，叶茂盛；羽状三出复叶②③；托叶卵状披针形，长可达1 cm，先端渐尖，基部圆或卵状，常齿裂；小叶倒卵形、阔倒卵形或倒心形，纸质，先端多少截平或微凹，具细尖，基部楔形，边缘在上半部具不明显的齿，两面均被毛，侧脉近10对，平行达叶边，几不分叉，上下均平坦；顶生小叶较大，侧生小叶柄甚短。头状花序②③，花10～20；总花梗细，挺直，密被贴伏柔毛；苞片刺毛状；萼钟形，密被毛，萼齿线状披针形，比萼筒略长或等长；花冠黄色②③，旗瓣近圆形，顶端微凹，翼瓣和龙骨瓣近等长，均比旗瓣短。荚果肾形④，表面具同心弧形脉纹，被稀疏毛，熟时变黑，有种子1粒。种子卵形，褐色。花果期7～10月。

[生境分布]甘南各市县均有分布；生于海拔2 200～3 500 m的路旁、砾质山坡及河谷阶地等处。

[价　　值]牧草。

花苜蓿 *Medicago ruthenica* 豆科 苜蓿属

Russian Fenugreek Herb；huā mù xu；扁蓿豆

[植物形态]多年生草本，高20～100 cm①。根系发达。茎直立或斜升，四棱形，基部分枝，丛生，羽状三出复叶；托叶披针形，锥尖，先端稍上弯，基部阔圆，耳状，具1～3枚齿齿，脉纹清晰；叶柄比小叶短，被柔毛；小叶长圆形倒披针形、楔形、长圆形至卵状长圆形，先端截平，钝圆或微凹，中央具细尖，基部楔形、阔楔形至钝圆，边缘在基部1/4处以上具尖齿，或仅在上部具不整齐尖锯齿，上面近无毛，下面被贴伏柔毛，侧脉8～18对，分叉并伸出叶边成尖齿，两面均隆起；花序伞形，花4～15；总花梗腋生；苞片刺毛状；萼钟形，被柔毛，萼齿披针状锥尖，与萼筒等长或短；花冠黄褐色，中央深红色具紫色条纹②，旗瓣倒卵状长圆形、倒心形至匙形，翼瓣长圆形，龙骨瓣卵形；荚果，长圆形或卵状长圆形，扁平，先端钝急尖，具短喙③；种子椭圆状长圆形，棕色。花果期7～10月。

[生境分布]甘南各市县均有分布；生于海拔2 500～3 300 m的高寒草原、河谷阶地及路旁等处。

[价　　值]牧草。

青海棘豆 *Oxytropis qinghaiensis* 豆科 棘豆属

Qinghai Crazyweed；Qīng hǎi jí dòu

[植物形态]多年生草本，高15～40cm①。全株密被白色开展长柔毛，植株呈灰色①。茎直立或铺散。托叶三角状披针形，中部以上分离，中部以下合生，先端渐尖；奇数羽状复叶；小叶13～29，卵形或卵状披针形，两面密被近伏贴的白色长柔毛。总状花序②③④，密被白色长柔毛，紧接花序下部混杂密的黑色柔毛；苞片条状披针形；花萼筒状钟形，密被黑色短柔毛并杂有较稀疏的白色开展长柔毛，萼齿披针形，长与萼筒相等或稍短；花冠紫红色或蓝紫色③。荚果长圆形，被白色和黑色近开展的短柔毛②④。种子圆肾形。花果期7～9月。

[生境分布]碌曲、玛曲均有分布；分布于海拔2500～3600m的高寒草甸及沟谷林缘等处。

[价　　值]全草入药；季节性毒草。

黄花棘豆 *Oxytropis ochrocephala* 豆科 棘豆属

Yellowflower Crazyweed; huáng huā jí dòu；马绊肠、苦马豆

[植物形态]多年生草本，高10～50cm①②。根圆柱状，淡褐色，侧根少。茎直立，基部分枝多而开展，有棱及沟状纹，密被卷曲白色短柔毛和黄色长柔毛，绿色。羽状复叶，托叶草质，卵形，与叶柄离生，于基部彼此合生，密被黄色和白色长柔毛；叶柄与叶轴上面有沟，与小叶之间有淡褐色腺点，密被黄色长柔毛；小叶17～29（31），草质，卵状披针形，两面疏被贴伏黄色和白色短柔毛。总状花序；总花梗具沟纹，密被卷曲黄色和白色长柔毛，花序下部混生黑色短柔毛；苞片线状披针形，密被开展白色长柔毛和黄色短柔毛；花萼膜质，筒状，密被开展黄色和白色长柔毛并混有黑色短柔毛③；花冠黄色③，旗瓣宽倒卵形，翼瓣长圆形，龙骨瓣先端弧形。荚果长圆形，先端具弯曲的喙，密被黑色短柔毛④。花果期7～9月。

[生境分布]甘南各市县均有分布；分布于海拔2600～3800m的高寒草甸、河谷阶地及灌丛林缘等处。

[价　　值]季节性毒草。

披针叶野决明 *Thermopsis lanceolata* 豆科 野决明属

Lanceleaf Wildsenna; pī zhēn yè yě jué míng; 披针叶黄华

[植物形态]多年生草本，具浓烈气味，高10~40cm①。茎直立，具沟棱，被黄白色贴伏或伸展柔毛。掌状三出复叶，具柄；托叶状，卵状披针形，上面近无毛，下面被贴伏柔毛；**小叶狭长圆形、倒披针形，上面通常无毛，下面多少被贴伏柔毛①②。总状花序顶生，具花2~6轮；**苞片线状卵形或卵形，宿存；萼钟形，密被毛，背部稍呈囊状隆起，上方2齿连合，三角形，下方萼齿披针形，与萼筒近等长。**花冠黄色。**荚果条形，先端具尖喙，被细柔毛，黄褐色②。种子圆肾形，黑褐色，有光泽。花果期6~10月。

[生境分布]除玛曲外甘南各市县均有分布；生于海拔2 000~3 300m的高寒草甸、山坡草地及路旁等处。

[价　　值]季节性毒草。

鬼箭锦鸡儿 *Caragana jubata* 豆科 锦鸡儿属

Ghost-arrow Peashrub; guǐ jiàn jǐn jī ér; 鬼箭愁

[植物形态]灌木，直立，高0.3~2 m①，基部多分枝，枝深褐色、绿灰色或灰褐色①。羽状复叶，**小叶4~6对；托叶背面密被刚毛，顶端硬化成针刺①②；**叶轴长5~7cm，宿存，被疏柔毛。**小叶长圆形，长11~15 mm，宽4~6 mm，**先端圆或尖，具刺尖头，基部圆形，绿色，被长柔毛①。花梗单生，长约0.5 mm，上部具关节，苞片线形；花萼钟状管形，被长柔毛，萼齿披针形，长为萼筒的1/2；**花冠玫瑰色、淡紫色、粉红色或近白色，**旗瓣宽卵形，翼瓣近长圆形，龙骨瓣三角形。荚果，密被丝状长柔毛。花果期7~9月。

[生境分布]甘南各市县均有分布；生于海拔2 400~3 300m的山坡草甸、林缘等处。

[价　　值]羊、马喜食幼嫩茎叶；皮、茎及叶可入药。

短叶锦鸡儿 *Caragana brevifolia* 豆科 锦鸡儿属

Short-leaf Peashrub；duǎn yè jǐn jī ér；猪儿刺

[植物形态]灌木，高1～2m①，全株无毛。茎深灰褐色，稍有光泽，老时龟裂；小枝有棱，有时弯曲。假掌状复叶有4片小叶，托叶硬化成针刺①，宿存；小叶披针形或倒卵状披针形①，先端锐尖，基部楔形。花梗单生于叶腋；花萼管状钟形，带褐色，常被白粉，萼齿三角形，锐尖；花冠黄色②，旗瓣宽卵形，先端稍平，翼瓣较旗瓣稍长，瓣柄与瓣片近等长，耳短小，齿状，龙骨瓣的瓣柄与瓣片近等长，耳齿状。荚果圆筒状，成熟时黑褐色。花果期6-10月。

[生境分布]碌曲、玛曲、夏河、合作均有分布；生于海拔2 000～3 000m的高寒草甸、灌丛及河谷等处。

[价　　值]羊喜食幼嫩茎叶；根入药。

歪头菜 *Vicia unijuga* 豆科 野豌豆属

Two-leaf Vetch；wāi tóu cài；草豆，两叶豆苗，偏头草

[植物形态]多年生草本，高15～50cm①。茎丛生，具棱，茎基部表皮红褐色或紫褐红色。小叶卵状披针形或近菱形，先端渐尖，边缘具小齿状，基部楔形，两面均疏被微柔毛。圆锥状复总状花序，单一或稀有分支②，明显长于叶；花8～20朵偏一侧密集于花序轴上部；花萼紫色，斜钟状或钟状②，无毛或近无毛，萼齿明显短于萼筒；花冠蓝紫色、紫红色或淡蓝色②，旗瓣倒提琴形，翼瓣先端钝圆，龙骨瓣短于翼瓣。荚果，扁圆形或长圆形，无毛，表皮棕黄色，两端渐尖，先端具喙，成熟时腹背开裂，果瓣扭曲③④。种子扁圆球形，种皮黑褐色⑤。花果期6-10月。

[生境分布]除玛曲外甘南各市县均有分布；生于海拔2 500～3 800m的高寒草甸、河谷阶地及林缘等处。

[价　　值]牧草；幼嫩时可为野菜；全草药用。

广布野豌豆 *Vicia cracca* 豆科 野豌豆属

Wide-distributed Vetch；guǎng bù yě wān dòu；草藤、落豆秧

[植物形态]多年生草本，高40～150cm。茎攀援或蔓生，有棱，被柔毛。偶数羽状复叶，叶轴顶端卷须有2～3分支①；托叶半箭头形或戟形，上部2深裂；小叶8～24对互生，条形、长圆或披针状条形，全缘，先端突尖，基部圆形，上面无毛，下面有短柔毛①。总状花序腋生，花7～15；花萼斜钟状，萼齿5枚，近三角状披针形；花冠紫色、蓝紫色或紫红色；旗瓣长圆形；翼瓣与旗瓣近等长，明显长于龙骨瓣。荚果长圆形或长圆菱形，先端有喙②。种子扁圆球形，种皮黑褐色。果期5～9月。

[生境分布]除玛曲外甘南各市县均有分布；生于海拔2 000～2 800m的山坡草地、林缘及路旁等处。

[价　　值]牧草；幼嫩时可作野菜。

救荒野豌豆 *Vicia sativa* 豆科 野豌豆属

Common Vetch；jiù huāng yě wān dòu；草藤、落豆秧

[植物形态]一年生或二年生草本，高15～105cm①。茎斜升或攀援①，具棱，被微柔毛。偶数羽状复叶长2～10cm，叶轴顶端卷须有2～3分支①；托叶戟形，2～4裂齿；小叶2～7对，长椭圆形或倒卵形，先端圆或平截有凹，具短尖头，基部楔形②，两面被贴伏黄柔毛。花1～2（-4）腋生②，近无梗；萼钟形，外面被柔毛，萼齿披针形或锥形；花冠紫红色或红色②，旗瓣长倒卵圆形，翼瓣短于旗瓣，长于龙骨瓣；子房线形，微被柔毛，具短柄，花柱上部被淡黄白色髯毛。荚果条形，表皮土黄色种间缢缩，扁平②，有毛，成熟时背腹开裂，果瓣扭曲。种子圆球形，棕褐色。花果期7～9月。

[生境分布]碌曲、临潭、卓尼均有分布；生于海拔2 000～3 300m的山坡草地及路旁等处。

[价　　值]牧草。

糙叶黄耆 *Astragalus scaberrimus* 豆科 黄耆属

Scabrous Milkvetch；cāo yè huáng qí；糙叶紫云英、春黄耆

[植物形态]多年生草本，密被白色伏贴毛①。茎匍匐斜升。羽状复叶有7~15片小叶；小叶椭圆形或近圆形，有时披针形，两面密被丁字毛②。总状花序，花3~5；总花梗极短或长达数厘米，腋生；苞片披针形；花萼管状，被细伏贴毛，萼齿线状披针形；花冠淡黄色或白色，旗瓣倒卵状椭圆形，翼瓣较旗瓣短，瓣片长圆形，先端微凹，龙骨瓣较翼瓣短，瓣片半圆形。荚果披针状长圆形，微弯，具短喙，背缝线凹入，密被白色伏贴毛。花果期7~9月。

[生境分布]夏河、合作均有分布；分布于海拔2 000~2 800 m的砂质山坡及干旱草地等处。

[价　　值]牧草；根茎入药。

黑紫花黄耆 *Astragalus przewalskii* 豆科 黄耆属

Przewalski's Milkvetch；hēi zǐ huā huáng qí

[植物形态]多年生草本①，地下具纺锤状块根。茎直立，高30~100 cm，通常中部以下无叶，仅有叶鞘，叶鞘膜质，卵形，抱茎。羽状复叶，小叶9~17②，条状披针形，先端渐尖，基部钝圆，上面绿色，无毛，下面灰绿色，疏被白色短柔毛。总状花序，具10余朵花①；总花梗与叶近等长或稍长；苞片披针形，背面被白色或黑色柔毛；花梗连同花序轴均被白色或黑色柔毛③；花萼钟状，外面被黑色柔毛③，萼齿三角状披针形；花冠黑紫色，旗瓣倒卵形，翼瓣较旗瓣稍短，瓣片长圆形，龙骨瓣较翼瓣稍短。荚果，膜质，膨大，梭形或披针形，成熟时两侧压扁，先端尖，被黑色短柔毛③；种子圆肾形，棕褐色。花果期7~9月。

[生境分布]碌曲、玛曲均有分布；分布于海拔2 500~3 600 m的山坡草地及林缘等地。

[价　　值]牧草；块根入药。

红花岩黄耆 *Hedysarum multijugum* 豆科 岩黄耆属

Redflower Sweetvetch；hóng huā yán huáng qí

[植物形态]半灌木或仅基部木质化而呈草本状，高40～80cm①，茎直立，多分枝，具细条纹，密被灰白色短柔毛。叶长6～18cm；托叶披针形，棕褐色干膜质，基部合生，外被柔毛；叶轴被灰白色短柔毛；小叶15～29，阔卵形、卵圆形，顶端钝圆或微凹，基部圆形或圆楔形，上面无毛，下面被贴伏短毛。**总状花序，腋生**②，上部明显超出叶，花序长达28cm，被短柔毛；花9～25，外展或平展，疏散排列，果期下垂，苞片钻状，花梗与苞片近等长；萼斜钟状，萼齿钻状或锐尖，短于萼筒3～4倍，下萼齿稍长于上萼齿或为其2倍，通常上萼齿间分裂深达萼筒中部以下，亦有时两侧萼齿与上萼间分裂较深；**花冠紫红色或玫瑰红色**②，旗瓣倒阔卵形，翼瓣条形，长为旗瓣的1/2，龙骨瓣短于旗瓣。荚果数节，节荚椭圆形或半圆形，被短柔毛，两侧稍凸起，具细网纹，网结通常具不多的刺，边缘具较多的刺③。花果期7～9月。

[生境分布]除玛曲外甘南各市县均有分布；分布于海拔2 500～3 600m的砾质山坡及路边等地。

[价　　值]牧草；根入药。

米口袋 *Gueldenstaedtia multiflora* 豆科 米口袋属

Gueldenstaedtia；mǐ kǒu dài；米布袋，紫花地丁，地丁

[植物形态]**多年生草本**①，主根圆锥状。分茎缩短，叶及总花梗于分茎上丛生。托叶宿存，下面的阔三角形，上面的狭三角形，**基部合生，外面密被白色长柔毛**；叶在早春时长仅2～5cm，夏秋间可长达15～23cm，早生叶被长柔毛，后生叶毛稀疏，甚几至无毛①；小叶7～21，椭圆形、长圆形、卵形、长卵形，顶端小叶有时为倒卵形，基部圆，先端具细尖、急尖、钝、微缺或下凹成弧形，叶缘被白色柔毛②。伞形花序，花2～6；苞片三角状线形；花萼钟状，被贴伏长柔毛；**花冠紫色**③，旗瓣倒卵形，翼瓣斜倒卵形；龙骨瓣倒卵形。荚果圆筒状，被长柔毛④；种子三角状肾形，具凹点。花果期6～9月。

[生境分布]甘南各市县均有分布；分布于海拔2 600～3 300m的山坡草地及路旁等处。

[价　　值]牧草；全草入药。

玄参科

　　本科植物多为草本、灌木，稀乔木。叶互生、下部对生而上部互生、或全对生、或轮生，无托叶。花序总状、穗状或聚伞状，常合成圆锥花序，向心或更多离心。花常不整齐；萼下位，常宿存；花冠4～5裂，裂片多少不等或作二唇形；雄蕊4，一枚退化，稀2～5或更多，花药1～2室，药室分离或多少汇合；花盘常存在，环状、杯状或小而似腺；子房2室，稀1室；花柱柱头头状或2裂或2片状；胚珠多数，稀各室1枚，倒生或横生。蒴果，稀浆果状，具生于1游离的中轴上或着生于果爿边缘的胎座上；种子细小，具翅或种皮网状，脐点在腹面或侧生，胚乳肉质或缺失；胚伸直或弯曲。

　　全世界玄参科植物约有200属3 000种。我国有5□属。经调查，甘南常见玄参科植物10种，其中肉果草属1种，肉果草；婆婆纳属1种，毛果婆婆纳；小米草属1种，小米草；兔耳草属1种，短穗兔耳草；马先蒿属6种，包括甘肃马先蒿、长花马先蒿、扭旋马先蒿、阿拉善马先蒿、毛颏马先蒿及中国马先蒿。

肉果草 *Lancea tibetica* 玄参科 肉果草属

Tibet Lancea；ròu guǒ cǎo；兰石草

[植物形态]多年生草本，高3～15 cm，除叶柄有毛外其余无毛。根状茎细长，可达10 cm，横走或斜下，节上有一对膜质鳞片。叶6～10，几成莲座状，倒卵形至倒卵状矩圆形或匙形，近革质①②③，顶端钝，常有小凸尖，边全缘或有很不明显的疏齿，基部渐狭成有翅的短柄。花3～5朵簇生或伸长成总状花序②，或单生而花梗上有小苞片，苞片钻状披针形；花萼钟状，萼齿5枚，钻状三角形；花冠深蓝色或紫色②，喉部稍带黄色或紫色斑点，长1.5～2.5 cm，花冠筒长8～13 mm，上唇直立，2深裂，偶有几全裂，下唇开展，中裂片全缘。果实卵状球形，红色至深紫色③；种子矩圆形，棕黄色。花果期6－9月。

[生境分布]除舟曲、迭部外甘南各市县均有分布；生于海拔2 200～3 800 m的草地、沟谷及路旁等处。

[价　值]杂类草；全草入药。

毛果婆婆纳 *Veronica eriogyne* 玄参科 婆婆纳属

Comospore Speedwell；máo guǒ pó pó nà

[植物形态]多年生草本，高20～50cm①。茎直立，通常有两列多细胞白色柔毛①②。叶无柄，披针形至条状披针形，**边缘有整齐的浅刻锯齿，两面脉上生多细胞长柔毛②。总状花序，2～4支**，侧生于茎近顶端叶腋①，花期长2～7cm，花密集，穗状，果期伸长，达20cm①③，花序各部分被多细胞长柔毛①；苞片宽条形；**花萼裂片宽条形或条状披针形；花冠紫色或蓝色①，筒部长，占全长的1/2～2/3。蒴果长卵形③**，上部渐狭，顶端钝，被毛。种子卵状矩圆形。花果期7～9月。

[生境分布]除舟曲、迭部外甘南各市县均有分布；多生于海拔2 700～3 800m的高寒草甸及河谷等处。

[价　　值]杂类草；全草入药。

小米草 *Euphrasia pectinata* 玄参科 小米草属

Common Eyebright；xiǎo mǐ cǎo

[植物形态]一年生草本，高10～45cm，植株直立①②，**被白色柔毛**。叶与苞叶无柄，卵形至卵圆形，基部楔形，边缘有稍钝、急尖的锯齿，**两面脉上及叶缘多少被刚毛，无腺毛③**。花序初花期短而花密集，逐渐伸长至果期果疏离；花萼管状，被刚毛，裂片狭三角形，渐尖；**花冠白色具紫色条纹①③**，外面被柔毛，背部较密，其余部分较疏，下唇裂片顶端明显凹缺③；**花药棕色。蒴果**，长矩圆状。种子白色。花果期6～9月。

[生境分布]除舟曲、迭部外各市县均有分布；生于海拔2 800～3 500m的高寒草甸及灌丛等处。

[价　　值]杂类草；全草入药。

短穗兔耳草 *Lagotis brachystachya* 玄参科 兔耳草属

Short-spike Lagotis；duǎn suì tù ěr cǎo

[植物形态]多年生草本，高4～8 cm①②。匍匐茎带紫红色，长达30 cm以上①②③。叶全部基出，莲座状；叶柄长1～5 cm，扁平，翅宽；叶片宽条形至披针形，全缘①②③。花葶数条，纤细、倾卧或直立，高度不超过叶①②；穗状花序卵圆形，密集③；苞片卵状披针形，纸质；花萼成两裂片状，与花冠筒等长或稍短，后方开裂至1/3以下，除脉外均膜质透明，被长缘毛；花冠白色或微带粉红或紫色③，花冠筒伸直较唇部长，上唇全缘，卵形或卵状矩圆形，下唇2裂，裂片矩圆形。果实红色，卵圆形。花果期5～8月。

[生境分布]碌曲、玛曲均有分布；生于海拔3 200～4 500 m的高寒草甸、河边及秃斑地等处。

[价　　值]杂类草；全草入药。

甘肃马先蒿 *Pedicularis kansuensis* 玄参科 马先蒿属

Gansu Woodbetony；gān sù mǎ xiān hāo

[植物形态]一年或二年生草本，干时不变黑，体多毛，高20～40 cm①②。茎中空，多少方形③，草质。基生叶长久宿存，有密毛；茎生叶4枚轮生，羽状全裂①；穗状花序，轮极多而距，可多达20余轮，仅顶端较密；花萼前方不开裂，5齿不等大；花冠紫红色或全白色②③（甘肃马先蒿白花变型——白花甘肃马先蒿）。

[生境分布]除迭部、舟曲外甘南各市县均有分布；生于海拔2 000～3 800 m的高寒草甸、灌丛及河谷等地。

[价　　值]季节性毒草；全草入药。

长花马先蒿 *Pedicularis longiflora* 玄参科 马先蒿属

Punctatelip Woodbetony；cháng huā mǎ xiān hāo

[植物形态]多年生草本，高8～15 cm①。叶片羽状浅裂至深裂①，有时最下方之叶几为全缘，披针形至狭长圆形，两面无毛，背面网脉明显，常有疏散的白色肤屑状物，裂片5～9对，有重锯齿，齿常有胼胝而反卷。花腋生，有短梗，萼管状，长11～15 mm，前方开裂约至2/5，无毛，或仅有极微的缘毛，脉约15条，齿2枚，有短柄，多少掌状开裂；**花冠黄色，长5～8 cm，外面有毛②**，盔直立部分稍后仰，前缘高仅2～3 mm，上端转向前上方成为多少膨大的含有雄蕊部分，其前端很快狭细为一半环状卷曲的细喙，长约6 mm，其端指向花喉，下唇有长缘毛，宽达20 mm，长仅11～12 mm，中裂较小，近于倒心脏形，约向前凸出一半，侧裂为斜宽卵形，凹头，外侧明显耳形，约为中裂的两倍；**花丝两对均有密毛**；花柱明显伸出于喙端。蒴果。种子狭卵圆形，花果期7～9月。

[生境分布]除迭部、舟曲外甘南各市县均有分布；生于海拔2700～4000 m的高寒草甸及河谷阶地等处。

[价　　值]季节性毒草；花入药。

扭旋马先蒿 *Pedicularis torta* 玄参科 马先蒿属

Torsional Woodbetony；niǔ xuán mǎ xiān hāo；扭曲马先蒿

[植物形态]多年生草本，直立，高20~70 cm①，疏被短柔毛或近于无毛，干后不变黑；茎单出或自根颈发出3~4侧枝，多者可达7枝，中上部无分枝，中空，稍具棱角。叶互生或假对生，叶片膜质，长圆状披针形至条状长圆形①②，渐上渐小，两面无毛，下面疏被白色肤屑状物或几光滑。总状花序顶生①，多花，顶端稠密，下中部疏稀或有间隔①③；苞片叶状，具短柄，下部的比萼长，上部的短于萼；花具短梗，被短柔毛；萼卵状圆筒形，管膜质，前方开裂至管的中部。萼齿3枚，草质，长为萼管的1/3~1/2，不等，后方的一枚较小，线形，全缘或上部扩大，其余的两枚宽卵形，基部细缩，全缘，上部不整齐，掌状分裂，裂片有重锯齿。花冠具黄色的花管及下唇，紫色的盔③，长16~20 mm，花管伸直，约比萼长1倍，外被短毛，盔不但在直立部分顶端几以直角向前转折，并在这一部分与含有雄蕊部分两者之间的一段向右扭旋半周，恰好使后者之顶转向前方，而S形的长喙则又因其在自身的轴上扭转而先向上，再向后，最后再转指向上方③，喙顶端微缺，沿其近基2/3的缝线上有透明的狭鸡冠状凸起1条，下唇长约10 mm，宽约13 mm，以直角开展，3裂③，被长缘毛，中裂较小，稍凸出，倒卵形，侧裂肾脏形。2对花丝均被毛；子房狭卵圆形，柱头伸出于盔外。蒴果卵形。花果期6~9月。

[生境分布]除迭部、舟曲外甘南各市县均有分布；生于海拔2 300~3 800 m的高寒草甸及灌丛等处。

[价　值]季节性毒草；可观赏。

阿拉善马先蒿 *Pedicularis alaschanica* 玄参科 马先蒿属

Alashan Woodbetony; ā lā shàn mǎ xiān hāo

[植物形态]多年生草本，高可达35 cm，干时稍变黑①。根粗壮而短，根颈有多对复瓦状膜质卵形之鳞片。茎从根颈顶端发出，常多数，基部分枝，上部不分枝，中空，微有4棱，密被短锈色绒毛。茎生叶茂密，下部对生，上部3～4枚轮生①②；下部茎生叶叶柄长达3 cm，几与叶片等长，扁平，沿中肋有宽翅，被短绒毛，翅缘被卷曲长柔毛；叶片披针状长圆形至卵状长圆形，两面均近于光滑，羽状全裂，裂片7～9，条形而疏距，有细锯齿，齿常有白色胼胝。花序穗状，生于茎端②，长短不一，长者可达20 cm以上，花轮可达10枚，下部花轮多间断；苞片叶状，长于花，柄多少膜质膨大变宽，中上部者渐渐变短，略长至略短于花；萼膜质，长圆形，前方开裂，脉5主5次，明显高凸，沿脉被长柔毛，无网脉，齿5枚，后方1枚三角形全缘，其余三角状披针形而长，有反卷而具胼胝的踞齿；花冠黄色②，花管在中上部稍稍向前膝曲，下唇与盔等长或稍长，盔稍镰状弓曲，额向前下方倾斜，顶端渐细成为稍稍下弯的短喙；雄蕊花丝着生于管的基部，前方一对端有长柔毛；蒴果③。

[生境分布]碌曲、玛曲、夏河及合作均有分布；生于海拔2 500～4 000 m的河谷多砾石的阳坡草地等处。

[价　　值]季节性毒草；具观赏价值。

毛颏马先蒿 *Pedicularis lasiophrys* 玄参科 马先蒿属

Lasiophrys' Woodbetony; máo kē mǎ xiān hāo

[植物形态]多年生草本，干时变黑①。根须状。茎直立，不分枝，具条棱。基生叶发达，有时成假莲座，中部以上几无叶，基生叶具短柄，稍上者即无柄而多少抱茎；叶片长圆状条形至披针状条形，有羽状裂片或深齿，裂片或齿两侧全缘，顶端复有重齿或小裂片，上面散生疏白毛，或至后几光滑，下面散生褐色之毛，沿中肋尤多。花序多少头状或伸长为短总状②，下部花较流；苞片披针状条形至三角状披针形，密生褐色腺毛；萼钟形，亦多毛，长6~8mm，齿5枚，几相等，三角形全缘，约等萼管长度的一半；花冠淡黄色，下唇三裂②，稍短于盔，裂片圆形而有细柄，无缘毛，盔含有雄蕊的部分多少膨大，卵形，以直角自直立部分转折，前端突然细缩成稍下弯而光滑之喙，前额与颏均密被黄色毛②，与其下缘的须毛相衔接；雄蕊花丝2对均无毛，花柱不伸出或稍稍伸出。蒴果。花期期7~9月。

[生境分布]碌曲、玛曲均有分布；生于海拔3 000~3 500 m的高寒草甸及沼泽草甸等处。

[价　值]季节性毒草；全草入药。

中国马先蒿 *Pedicularis chinensis* 玄参科 马先蒿属

China Woodbetony; zhōng guó mǎ xiān hāo

[植物形态]一年生草本，高可达30 cm①，干时不变黑。主根圆锥形。茎有深沟纹。叶片披针状长圆形至条状长圆形，羽状浅裂至半裂②，裂片7～13对，卵形，有时带方形，钝头，基部常多少全缘而连于轴翅，前半有重锯齿，齿常有胼胝，下面碎冰纹网脉明显②。花序常占植株的大部分，有时近基处叶腋中亦有花；苞片叶状，较小；萼管状，生有白色长毛，下部较密，或有时无长毛而仅被密短毛，亦有具紫斑者③，前方约开裂至2/5，脉达20条，其中仅2条较粗，通入齿中，齿仅2枚，基部有短柄，以上即膨大叶状，卵形至圆形，缘有缺刻状重锯齿；**花冠黄色**，盔直立部分稍向后仰，前缘高3～4 mm，上端渐渐转向前上方成为合有雄蕊的部分，前端**又渐细为端指向喉部的半环状长喙**①，下唇宽过于长，有短而密的缘毛，侧裂强烈指向外前方（按其脉理而言），钝头，为不等的心脏形，其外侧的基部耳形很深，两边合成下层的深心脏形基部，中裂宽过于长，完全不伸出于侧裂之前；雄蕊花丝两对均被密毛。蒴果长圆状披针形③。

[生境分布]甘南各市县均有分布；生于海拔2 500～3 600 m的高山草甸、灌丛及林缘等处。

[价　　值]季节性毒草；具观赏价值。

唇形科

本科植物多为草本，具芳香气味。茎常四棱。叶对生，无托叶。轮伞花序，常再组成穗状或总状花序；花两性，两侧对称；花萼5齿裂或2唇形；唇形花冠，通常上唇2裂，下唇3裂；雄蕊4，2强雄蕊，稀2枚雄蕊；子房上位，下具肉质花盘，心皮2，合生，4深裂形成4室，每室1胚珠，花柱生于子房的基部。果为4小坚果。

本科植物因富含多种芳香油而著称，如薄荷、百里香、薰衣草、罗勒、迷迭香等。黄芩、荆芥、藿香、丹参、薄荷、紫苏、香薷、荠苎、夏枯草及益母草等属于药用植物；白苏等则为油料植物；甘露子根状茎块状，酱渍可食用；一串红、五彩苏等可供观赏。

本科植物有220属，约3 500种，主要分布于地中海地区，我国有60属500种，广布全国各地。经调查，甘南常见唇形科植物9种，其中筋骨草属2种，白苞筋骨草和圆叶筋骨草；青兰属2种，截萼毛建草和白花枝子花；鼠尾草属1中，粘毛鼠尾草；水苏属1种，甘露子；香薷属2种，密花香薷和高原香薷；野芝麻属1中，宝盖草。

白苞筋骨草 *Ajuga lupulina* 唇形科 筋骨草属

White Bracteole Bugle；bái bāo jīn gǔ cǎo；甜格缩缩草

[植物形态]多年生草本①。茎直立，15～25cm，四棱形，具槽，沿棱及节上被白色具节长柔毛。叶柄具狭翅，基部抱茎，边缘具缘毛；**叶片纸质，披针状长圆形②**，先端钝或稍圆，基部楔形，下延，边缘疏生波状圆齿或几全缘，具缘毛，上面无毛或被极少的疏柔毛，下面仅叶脉被长柔毛或仅近顶端有星散疏柔毛。**穗状聚伞花序由多数轮伞花序组成**；苞叶大，向上渐小，白黄、白或绿紫色③，卵形或阔卵形，先端渐尖，基部圆形，抱轴，全缘，上面被长柔毛，下面仅叶脉或有时仅顶端被疏柔毛；花梗短，被长柔毛。花萼钟状或略呈漏斗状，基部前方略膨大，具10脉，其中5脉不甚明显，萼齿5，狭三角形，长为花萼之半或较长，整齐，先端渐尖，边缘具缘毛。**花冠白、白绿或白黄色，具紫色斑纹③**，狭漏斗状，外面被疏长柔毛，冠筒基部前方略膨大，内面具毛环，从前方向下弯，冠檐二唇形，上唇小，直立，2裂，裂片近圆形，下唇延伸，3裂，中裂片狭扇形，顶端微缺，侧裂片长圆形。小坚果倒卵状或倒卵长圆状三棱形，背部具网状皱纹，腹部中间微微隆起，具1大果脐，而果脐几达腹面之半。花果期7-10月。

[生境分布]甘南各市县均有分布；生于海拔2600～3800m的河滩沙地、高山草地或陡坡石缝中。

[价　　值]杂类草；全草入药。

圆叶筋骨草 *Ajuga ovalifolia* 唇形科 筋骨草属

Round-leaf Bugle；yuán yè jīn gǔ cǎo

[植物形态]一年生草本。茎直立，高10～30cm，四棱形，具槽，被白色长柔毛，不分枝。叶柄具狭翅，绿白色，有时呈紫红色或绿紫色；叶片纸质，长圆状椭圆形至阔卵状椭圆形①，先端钝或圆形，基部楔形，下延，边缘中部以上具波状或不整齐的圆齿，具缘毛，上面黄绿或绿色，布满具节糙伏毛①②，下面较淡，仅沿脉上被糙伏毛。穗状聚伞花序顶生①，呈头状，由3～4轮伞花序组成；苞叶大，叶状，卵形或椭圆形，下部者呈紫绿色、紫红色至紫蓝色，具圆齿或全缘，被缘毛，上面被糙伏毛，下面几无毛。花萼管状钟形，无毛但仅萼齿边缘被长缘毛，具10脉，萼齿，长三角形或线状披针形，长占花萼之半或较短。花冠红紫色至蓝色①，筒状，微弯，外面被疏柔毛，内面近基部有毛环，冠檐二唇形，上唇2裂，裂片圆形，相等，下唇3裂，中裂片略大，扇形，侧裂片圆形①。花果期6～9月。

[生境分布]甘南州各市县均有分布；生于海拔2 800～3 700 m的高寒草甸及灌丛等处。

[价　值]杂类草；全草入药。

截萼毛建草 *Dracocephalum truncatum* 唇形科 青兰属

Tangut Dracocephalum; jié è máo jiàn cǎo; 唐古特青兰、则羊古

[植物形态]多年生草本①。根茎匍匐。茎高达30 cm，不分枝，钝四棱形，被倒向而卷曲的细疏柔毛，具2~4节。**基生叶多数，三角状心形，先端近圆形②**，边缘具圆齿，被细睫毛，上面疏生长柔毛及极细乳突，下面较淡而多少带紫色，在脉上被平展而稀疏的长柔毛，脉凸起，脉网明显，叶柄细，较叶片长3~4倍；茎生叶较基生叶小，中下部茎生叶具短柄，上部逐渐成苞片状。**头状花序③**；苞片卵圆状披针形至近圆形。花萼钟状管形，微外弯，外面被极疏长柔毛及细睫毛，内面无毛，5裂达1/3处，近二唇形，齿近等长，上唇中齿较侧齿宽约4倍，倒梯形，先端多少平截，具多至9个或以上的尖锐细犬齿，齿具短刺，侧齿长三角形，下唇2齿披针形。花冠外面全部被蜷曲的白色长柔毛，内面被小毛，冠檐二唇形，上唇较下唇短，2裂，下唇3裂，中裂片较侧裂片宽2倍。花果期7-9月。

[生境分布]合作，夏河均有分布；多生于海拔2 700 m的山地溪边石块中。

[价　　值]杂类草；全草入药。

白花枝子花 *Dracocephalum heterophyllum* 唇形科 青兰属

Whiteflower Greenorchid；bái huā zhī zǐ huā；异叶青兰

[植物形态]多年生草本①②；茎丛生，上部直立，四棱形或钝四棱形③，密被白色倒向的小毛，分枝或不分枝；叶对生，宽卵形至长卵形，下面疏被短柔毛或几无毛，边缘被短睫毛及浅圆齿③；茎中部叶与基生叶同形，具与叶片等长或较短的叶柄，边缘具浅圆齿或尖锯齿；茎上部叶变小，叶柄变短，锯齿常具刺而与苞片相似。轮伞花序生于茎上部叶腋，具4～8花，密集③；花具短梗；苞片倒卵状匙形或倒披针形，疏被小毛及短睫毛，边缘每侧具3～8个小齿，齿具长刺。花萼浅绿色，外面疏被短柔毛，下部较密，边缘被短睫毛，2裂几至中部，上唇3裂至本身长度的1/3或1/4，三角状卵形，先端具刺，下唇2裂至本身长度的2/3处，与披针形，先端具刺。花冠白色①，外面密被白色或淡黄色短柔毛。花果期6～8月。

[生境分布]甘南各市县均有分布；多生于海拔2 200～3 600 m山坡草地、沙地及河谷阶地等地。

[价　　值]杂类草；固沙植物；全草入药。

粘毛鼠尾草 *Salvia roborowskii* 唇形科 鼠尾草属

Stickyhair Sage；zhān máo shǔ wěi cǎo

[植物形态]一年生或二年生草本；根长锥形，褐色。茎直立①，高30～90 cm，多分枝，钝四棱形，具四槽②，密被有粘腺的长硬毛。叶片戟形或戟状三角形②，先端变锐尖或钝，基部浅心形或截形，边缘具圆齿，两面被粗伏毛，下面被有浅黄色腺点。轮伞花序上部密集下部疏离，组成顶生或腋生的总状花序，花4～6③；下部苞片与叶相同，上部苞片披针形或卵圆形，边缘波状或全缘，被长柔毛及腺毛，有浅黄褐色腺点；花梗与花序轴被粘腺硬毛。花萼钟形，外被长硬毛及腺短柔毛，混生浅黄褐色腺点，内面被微硬伏毛，二唇形。**花冠黄色③**，外被疏柔毛或近无毛，内面离冠筒基部2～2.5 mm有不完全的疏柔毛毛环，冠筒稍内伸，冠檐二唇形。坚果，倒卵圆形，暗褐色，光滑。花期6～8月，果期6～9月。

[生境分布]甘南各市县均有分布；多生于海拔2 500～3 700 m的山坡草地及沟边路旁等处。

[价　　值]杂类草；全草入药。

甘露子 *Stachys sieboldii* 唇形科 水苏属

Chinese Artichoke；gān lù zǐ；草石蚕

[植物形态]多年生草本，高30～70 cm①，茎基部数节上生有密集的须根及多数横走的根茎②；根茎白色，节上有鳞状叶及须根，顶端具念珠状或螺蛳形的肥大块茎。茎直立或基部倾斜，单一，或多分枝，四棱形，具槽，在棱及节上有平展或疏或密的硬毛。茎生叶卵圆形或长椭圆状卵圆形，边缘有规则的圆齿状锯齿，两面或疏或密被贴生硬毛③。轮伞花序通常6花③，多数远离成长5～15 cm顶生穗状花序；花萼狭钟形，外被具腺柔毛，内面无毛，正三角形至长三角形，先端具刺尖头，微反折。花冠粉红至紫红色，下唇有紫斑③，冠筒筒状，前面在毛环上方略呈囊状膨大，外面在伸出萼筒部分被微柔毛，内面在下部1/3被微柔毛毛环，冠檐二唇形。小坚果卵珠形，黑褐色，具小瘤。花果期7～9月。

[生境分布]甘南各市县均有分布；生于海拔1 800～3 200 m的湿润地及撂荒地等处。

[价　　值]杂类草；地下肥大块茎可作酱菜或泡菜；全草入药。

密花香薷 *Elsholtzia densa* 唇形科 香薷属

Denseflower Elsholtzia; mì huā xiāng rú; 咳嗽草、野紫苏、臭香薷

[植物形态]一年生草本,**高20~60 cm**①②③。茎直立,自基部多分枝,分枝细长,**四棱形,具槽**,被短柔毛②③。叶对生,**长圆状披针形至椭圆形**①,先端急尖或微钝,基部宽楔形或近圆形,边缘在基部以上具锯齿,草质,**两面被短柔毛**,侧脉6~9对,中脉下陷,下面凸起;叶柄背腹扁平,被短柔毛。密集的**轮伞花序组成穗状花序,长圆形或近圆形,密被紫色串珠状长柔毛**②④;最下的1对苞片与叶同形,向上呈苞片状,卵圆状圆形,先端圆,外面及边缘被具节长柔毛。花萼钟状,外面及边缘密被紫色串珠状长柔毛,萼齿5,后3齿稍长,近三角形,果时花萼膨大,近球形,外面密被串珠状紫色长柔毛,**花冠淡紫色**②④,外面及边缘密被紫色串珠状长柔毛,内面在花丝基部具不明显的小疏柔毛环,上唇伸直,先端微凹,下唇3裂。小坚果暗褐色,被细微柔毛,腹面略具棱,顶端具小疣凸起。果期7~10月。

[生境分布]甘南各市县均有分布;多生于海拔2 200~3 500 m的高寒草甸及山坡荒地等处。

[价   值]杂类草;全草入药。

高原香薷 *Elsholtzia feddei* 唇形科 香薷属

Plateau Elsholtzia;gāo yuán xiāng rú;小红苏、野木香叶

[植物形态]一年生草本,高3~20 cm①②。茎被短柔毛,自基部分枝。**叶卵形,先端钝,基部圆形或阔楔形,边缘具圆齿**①,上面绿色,下面淡绿,或下面常带紫色,上面密被短柔毛,下面被短柔毛,但沿脉上较长而密,腺点稀疏或不明显,侧脉约5对,中脉在上面略凹陷,下面明显;叶柄扁平,被短柔毛。**多花轮伞花序组成穗状花序,生于茎顶端,偏于一侧**①②③;苞片圆形,先端具芒尖,外面被柔毛;边缘具缘毛,内面无毛,脉紫色;花梗短,与花序轴被白色柔毛。花萼管状,外面被白色柔毛,萼齿5,披针状钻形,先端刺芒状。**花冠红紫色**,外被柔毛及稀疏的腺点①③,冠筒自基部向上扩展,冠檐二唇形。小坚果长圆形,深棕色。花果期8~10月。

[生境分布]除舟曲外甘南各市县均有分布;生于海拔2 800~3 200 m的山坡草地、秃斑地及路旁等处。

[价   值]杂类草;全草入药。

宝盖草 *Lamium amplexicaule* 唇形科 野芝麻属

Henbit Deadnettle；bǎo gài cǎo；珍珠莲、接骨草、莲台夏枯草

[植物形态]一年生或二年生植物。茎高10～30 cm，基部多分枝，斜升，四棱形，具浅槽，常为紫色①②，中空。茎下部叶有长柄，上部叶无柄，叶对生，圆形或肾形，半抱茎，边缘具深圆齿，顶部的齿较大①，两面均疏生小糙伏毛。轮伞花序，花6～10②，其中常有闭花受精的花；苞片披针状钻形，具缘毛。花萼管状钟形，外面密被白色直伸的长柔毛，内面除萼上被白色长伸长柔毛外，余部无毛，萼齿5，披针状锥形，边缘具缘毛。花冠紫红或粉红色③，外面除上唇被有较密带紫红色的短柔毛外，余部均被微柔毛，冠筒细长，冠檐二唇形。小坚果，倒卵圆形，具三棱，淡灰黄色，表面有白色大疣状突起。花果期6～9月。

[生境分布]甘南各市县均有分布；生于海拔2 800～3 200 m的山坡草地、秃斑地及路旁等处。

[价　　值]杂类草；全草入药。

蓼科

本科多为草本，稀灌木或小乔木。茎直立，平卧、攀援或缠绕，通常具膨大的节，稀膝曲，具沟槽或条棱，有时中空。叶为单叶，互生，稀对生或轮生，边缘通常全缘，有时分裂，具叶柄或近无柄；托叶通常联合成鞘状（托叶鞘），膜质，褐色或白色，顶端偏斜、截形或2裂，宿存或脱落。花序穗状、总状、头状或圆锥状，顶生或腋生；花两性，稀单性，雌雄异株或雌雄同株，辐射对称；花梗通常具关节；花被3～5深裂，覆瓦状或花被片6，2轮，宿存，内花被片有时增大，背部具翅、刺或小瘤；雄蕊6～9，稀较少或较多，花丝离生或基部贴生，花药背着，2室，纵裂；花盘环状，腺状或缺，子房上位，1室，心皮通常3，稀2～4，合生，花柱2～3，稀4，离生或下部合生，柱头头状、盾状或画笔状，胚珠1，直生，极少倒生。瘦果卵形或椭圆形，具3棱或双凸镜状，极少具4棱，有时具翅或刺，包于宿存花被内或外露；胚直立或弯曲，通常偏于一侧，胚乳丰富，粉末状。

本科有多种经济植物，大黄是我国传统的中药材，何首乌是沿用已久的中药，拳参、草血竭、赤胫散、金荞麦是民间常用的中草药，荞麦、苦荞麦是粮食作物，蓼蓝可作染料，有些种类是蜜源、观赏植物。本科植物约50属，1150种，世界性分布，但主产于北温带，少数分布于热带，我国有13属，235种，3变种，产于全国各地。经调查，甘南藏族自治州常见的蓼科植物共有8种，其中酸模属3种，皱叶酸模、尼泊尔酸模和巴天酸模；蓼属的3种，西伯利亚蓼、扁蓄和酸模叶蓼；山蓼属的2种，珠芽蓼和圆穗蓼。

皱叶酸模 *Rumex crispus* 蓼科 酸模属

Crinkle-leaf Dock；zhòu yè suān mó

[植物形态]多年生草本①。根粗壮，黄褐色②。茎直立，高50～120 cm②，不分枝或上部分枝，具浅沟槽③。基生叶披针形或狭披针形，顶端急尖，基部楔形，边缘皱波状；茎生叶较小、狭披针形④；托叶鞘膜质，易破裂。花序狭圆锥状，花序分枝近直立或上升①；花两性；淡绿色；花梗细，中下部具关节，关节果期稍膨大；花被片6，外花被片椭圆形，内花被片果期增大，宽卵形，网脉明显，顶端稍钝，基部近截形，边缘近全缘，全部具小瘤，小瘤卵形⑤。瘦果卵形，具3锐棱，暗褐色，有光泽。花果期7－10月。

[生境分布]甘南州各市县均有分布；生于海拔1 500～2 800 m的路旁、圈滩及阴湿地等处。

[价　值]根入药；鲜嫩叶作猪饲料。

尼泊尔酸模 *Rumex nepalensis* 蓼科 酸模属

Nepalese Dock；ní bó ěr suān mó；土大黄

[植物形态]多年生草本。根粗壮。茎直立，高50～100 cm①②，具沟槽③，无毛，上部分枝。基生叶长圆状卵形，顶端急尖，基部心形，边缘有波状皱褶④，两面无毛或下面沿叶脉具小突起；茎生叶卵状披针形；托叶鞘膜质，易破裂。花序圆锥状①②；花两性；花梗中下部具关节；花被6，2轮，外轮花被片椭圆形，内花被片果期增大，宽卵形，顶端急尖，基部截形，边缘具7～8刺状齿，齿长2～3 mm，顶端成钩状，全部或部分具小瘤⑤。瘦果卵形，具3锐棱，褐色，有光泽。花果期7～10月。

[生境分布]甘南州各市县均有分布；生于海拔1 800～3 500 m的路旁、圈滩、林缘及阴湿地等处。

[价　　值]根、叶入药；鲜嫩叶作猪饲料。

巴天酸模 *Rumex patientia* 蓼科 酸模属

Patience Dock；bā tiān suān mó

[植物形态]多年生草本。根粗壮；茎直立，高90～150 cm①②，上部分枝，具深沟槽。基生叶长圆形或长圆状披针形，顶端急尖，基部圆形或近心形，全缘或边缘波状②③；叶柄粗壮；茎上部叶披针形，较小，具短叶柄或近无柄；托叶鞘筒状，膜质，长2～4 cm，易破裂。花序圆锥状①，大型；花两性；花梗细弱，中下部具关节；关节果期稍膨大，外花被片长圆形，内花被片果期增大，宽心形④，顶端钝圆，基部深心形，边缘近全缘，具网脉，全部或部分具小瘤，小瘤长卵形④。瘦果卵形，具3锐棱，褐色，有光泽。花果期7－10月。

[生境分布]甘南州各市县均有分布；生于海拔3 800 m以下的山坡、路旁、村庄、圈滩和水沟旁。

[价　　值]根入药；可提制栲胶；鲜嫩叶作猪饲料。

西伯利亚蓼 *Polygonum sibiricum* 蓼科 蓼属

Sibiria Knotweed；xī bó lì yà liǎo

[植物形态]多年生草本，高10～25 cm①②③。茎斜生或直立，自基部分枝。叶片长椭圆形或披针形，顶端急尖或钝，基部戟形或楔形，全缘；托叶鞘筒状，膜质。**花序圆锥状**，顶生，花排列稀疏，通常间断④；苞片漏斗状，通常每1苞片内具4～6花；花梗短，中上部具关节；**花被5深裂，黄绿色⑤**，花被片长圆形。瘦果卵形，3棱，黑色，具光泽。花果期6～9月。

[生境分布]甘南州各市县均有分布；生于海拔1 500～4 000 m的路旁、河滩、沟谷溪流等处。

[价　　值]杂类草；全草入药。

萹蓄 *Polygonum aviculare* 蓼科 蓼属

Prostrate Knotweed；biǎn xù；扁竹、竹叶草

[植物形态]一年生草本。**茎平卧①，长10～40 cm**，自基部多分枝，具纵棱。叶椭圆形，狭椭圆形或披针形，顶端钝圆或急尖，基部楔形，边缘全缘，两面无毛，下面侧脉明显①②；叶柄短或近无柄，基部具关节；托叶鞘膜质，下部褐色，上部白色，撕裂脉明显。**花1～5簇生叶腋，遍布于植株②**；花被5深裂，**花被片椭圆形，绿色，边缘白色或淡红色②**。瘦果卵形，3棱，黑褐色，密被细条纹。花果期7－9月。

[生境分布]甘南州各市县均有分布；生于海拔1 200～3 300 m的路旁、地埂及阴湿地等处。

[价　　值]杂类草；全草入药。

酸模叶蓼 *Polygonum lapathifolium* 蓼科 蓼属

Curlytop Knoteweed；suān mó yè liǎo；大马蓼

[植物形态]一年生草本，高40~90 cm①②。茎直立，紫红色，具分枝，节部膨大③。叶披针形或宽披针形，顶端渐尖或急尖，基部楔形，上面绿色，叶片中部常有一个大的黑褐色新月形斑点②，全缘，边缘具粗缘毛；叶柄短，具短硬伏毛；托叶鞘筒状，膜质，淡褐色。**总状花序呈穗状，顶生或腋生**②，近直立，花紧密，通常数个花穗呈圆锥状，苞片漏斗状，边缘具稀疏短缘毛；**花淡红色或白色**②③，花被通常4（5）深裂。瘦果宽卵形，黑褐色，包于宿存花被内。花果期7~10月。

[生境分布]甘南州各市县均有分布；生于海拔1 500~3 000 m的田边、路旁、荒地或沟边湿地等处。

[价　　值]杂类草；全草入药。

珠芽蓼 *Polygonum viviparum* 蓼科 蓼属

Alpine Bistort；zhū yá liǎo；山谷子、山高粱

[植物形态]多年生草本，高10~40 cm①。**根状茎粗壮，外被枯叶鞘，黑褐色**②，**内部紫红色**③。茎直立，不分枝，通常2~4条自根状茎发出。基生叶近心形，长圆形，顶端尖或渐尖，基部圆形或楔形，边缘微向下反卷，具长叶柄②；茎生叶披针形，近无柄①；托叶鞘筒状，膜质。**花序穗状**顶生，紧密，**中下部具紫红色珠芽**④；苞片卵形，膜质，每苞内具1~2花；花被5深裂，**白色或淡红色**⑤。花被片椭圆形。瘦果卵形，3棱，深褐色。花果期7~9月。

[生境分布]甘南州各市县均有分布；生于海拔2 600~3 800 m的高山草甸及灌丛等处。

[价　　值]杂类草；珠芽可食用或酿酒；根状茎入药。

圆穗蓼 *Polygonum macrophyllum* 蓼科 蓼属

Largeleaf Bistort；yuán suì liǎo

[植物形态]多年生草本，高10～35cm①。**根状茎，外被枯叶鞘，黑褐色②，内部白色③。茎直立，不分枝**，通常2～3条自根状茎发出。**基生叶长圆形或披针形**，顶端尖，基部近心形，两面无毛，边缘微向下反卷，具长叶柄；茎生叶披针形，近无柄；托叶鞘筒状，膜质，下部绿色，上部褐色，有明显的脉。**花序穗状，顶生，紧密，中下部无珠芽④**；苞片卵形，膜质，每苞内具1～2花；花梗细弱；**化被5深裂，白色或淡红色**。花被片椭圆形；雄蕊8；花柱3。瘦果卵形，3棱，深褐色，有光泽。花期7～8月，果期9～10月。

[生境分布]除舟曲外甘南各市县均有分布；生于海拔2500～3800m的高山灌丛、高山或亚高山草甸。

[价　　值]杂类草；全草入药。

附地菜 *Trigonotis peduncularis* 紫草科 附地菜属

PedunculateTrigonotis；fù dì cài；地胡椒

[植物形态]一年生或二年生草本①。**茎丛生**，稀单一，密集，铺散，高5～30cm，基部多分枝，被短糙伏毛①。**基生叶呈莲座状**，有叶柄，叶片匙形，两面被糙伏毛，茎上部叶长圆形或椭圆形，无叶柄或具短柄。**花序生茎顶**，幼时卷曲，后渐次伸长，通常占全茎的1/2～4/5，只在基部具2～3个叶状苞片，其余部分无苞片；花梗短，花后伸长，顶端与花萼连接部分变粗呈棒状；花萼裂片卵形，**花冠淡蓝色或粉色**，筒部甚短，檐部裂片平展，倒卵形，喉部具附属物5个，白色或带黄色；花药卵形，先端具短尖。小坚果4，斜三棱锥状四面体形。花果期7～9月。

[生境分布]甘南各市县均有分布；生于海拔2000～3600m的路旁、撂荒地、林缘及灌丛等处。

[价　　值]杂类草；全草入药。

琉璃草 *Cynoglossum furcatum* 紫草科 琉璃草属

Cynoglossum；liú li cǎo

[植物形态]多年生草本①，高40～60 cm，稀80 cm。茎单一或数条丛生，密被黄褐色糙伏毛②。基生叶及茎下部叶具柄，长圆形或长圆状披针形，两面密生贴伏毛；茎上部叶无柄，狭小，被密伏毛。花序顶生及腋生，分枝锐角叉状分开③，无苞片，果期延长呈总状；花梗密被糙伏毛；花萼裂片卵形或卵状长圆形，外面密被短糙毛；**花冠蓝色，漏斗状**③，裂片长圆形，先端圆钝，喉部有5个梯形附属物，先端微凹，边缘密生白柔毛。**小坚果卵球形，背面突，密生锚状刺。**花果期6～9月。

[生境分布]甘南各市县均有分布；生于海拔1 800～3 500 m的山坡草地、路旁及林缘等处。

[价　　值]杂类草；全草入药。

倒钩琉璃草 *Cynoglossum wallichii* 紫草科 琉璃草属

Barb Cynoglossum；dào gōu liú li cǎo；倒提壶

[植物形态]二年生草本，高20～70 cm①。茎单一或数条丛生，基部密生具基盘的硬毛或伏毛，多由上部分枝，分枝细长，叉形开展。基生叶及下部茎生叶具柄，披针形或倒卵形，中上部茎叶近无柄或无柄，渐狭小，两面均被稀疏散生的硬毛或伏毛。花序顶生或腋生，叉状分枝，无苞，花期紧密，果期伸长可达20 cm②，呈总状；花梗花期短，果期增长，下弯；花萼外面密被向上柔毛，裂片卵形或长圆形，直立，果期稍增大，边缘密生缘毛；**花冠蓝色或蓝紫色，钟形。小坚果卵形，背面凹陷，锚状刺**仅沿明显的中央龙骨突起排列，边缘锚状刺基部稍扩张，相互连合成狭翅边③。花果期6～9月。

[生境分布]碌曲、玛曲均有分布；生于海拔2 500～4 000 m的路旁及林缘等处。

[价　　值]物理性毒草；全草入药。

231

微孔草 *Microula sikkimensis* 紫草科 微孔草属

Microula；wēi kǒng cǎo；猪奶头

[植物形态]二年生草本①②，根黑褐色③，具块茎。茎直立或斜升，6~65 cm，被刚毛，混生稀疏糙伏毛④，茎基部紫红色③。基生叶和下部茎生叶具长柄，卵形、狭卵形至宽披针形，中部以上茎生叶渐小，具短柄至无柄，狭卵形或宽披针形，边缘全缘，两面有短伏毛，腹面沿中脉有刚毛，背面散生带基盘的刚毛。花序密集，生茎顶端及无叶的分枝顶端，花梗短，密被短糙伏毛；花萼5裂近基部，裂片条形或狭三角形，外面疏被短柔毛和长糙毛，边缘密被短柔毛，内面有短伏毛；花冠蓝色或蓝紫色⑤，檐部直径5~9（或11）mm，裂片近圆形，附属物低梯形或半月形。小坚果卵形，具小瘤状突起，背面中上部有环状凸起。花果期6-9月。

[生境分布]甘南各市县均有分布；生于海拔2 200~3 300 m的高寒草甸、田间、路旁及撂荒地等处。

[价　　值]杂类草；种子入药。

糙草 *Asperugo procumbens* 紫草科 糙草属

Oriental Ablfgromwell；cāo cǎo；粘粘草

[植物形态]一年生草本①。茎攀援，长可达90 cm，中空，有5~6条纵棱，沿棱具短倒钩刺②，通常有分枝。叶对生或近于对生，似飞翔的小鸟翅膀③，叶片匙形或狭长圆形，全缘或有明显的小齿，两面疏生短糙毛；花通常单生叶腋，具短花梗；花萼5裂至中部稍下，有短糙毛，裂片线状披针形，裂片之间各具2小齿，花后增大，略呈蚌壳状④，边缘具不整齐锯齿；花冠蓝色①，筒部比檐部稍长，檐部裂片宽卵形至卵形，喉部附属物疣状。小坚果狭卵形，灰褐色，表面有疣点。花果期7-9月。

[生境分布]甘南各市县均有分布，海拔2 000 m以上的山地草坡、村旁、撂荒地及田间等处。

[价　　值]杂类草。

鹤虱 *Lappula myosotis* 紫草科 鹤虱属

Myosotis Stickseed；hè shī

[植物形态]一年生或二年生草本①②。茎直立，高30～60 cm，中部以上多分枝，密被白色短糙毛。**基生叶长圆状匙形，全缘，先端钝，基部渐狭成长柄，两面密被具白色基盘的长糙毛**；茎生叶较短而狭，披针形或条形，扁平或沿中肋纵折，先端尖，基部渐狭，无叶柄。花序在花期短，果期伸长；苞片线形；花梗果期伸长，直立而被毛；花萼5深裂，几达基部，裂片线形，急尖，具毛，果期增大，星状开展或反折；**花冠淡蓝色，漏斗状至钟状③**。小坚果卵状，腹面通常具棘状或小疣状凸起。花果期6～9月。

[生境分布]甘南各市县均有分布；生于海拔1 800～3 300 m的高寒草甸、砾质山坡及路旁等处。

[价　　值]物理性毒草；果实入药。

沙生繁缕 *Stellaria arenarioides* 石竹科 繁缕属

Sabulicole Chickweed；shā shēng fán lǚ

[植物形态]多年生草本，**高5～7 cm①**。茎丛生，铺散，下部无毛，具光泽，上部被短柔毛。叶片卵形或卵状披针形，顶端急尖，具短芒尖，基部近圆形，无柄，**边缘具柔毛，质硬②**，下面中脉凸起。聚伞花序顶生，花1～5；苞片卵形，膜质，透明；萼片5，卵状披针形，中脉明显；**花瓣5，白色**，短于萼片，2深裂近基部，裂片线形。花果期6－9月。

[生境分布]甘南各市县均有分布；生于海拔2 500～4 000 m的高寒草甸、砾质山坡及河谷等处。

[价　　值]杂类草；固沙植物；根入药。

叉歧繁缕 *Stellaria dichotoma* 石竹科 繁缕属

Branching Chickweed; chā qí fán lǚ; 双歧繁缕、叉繁缕、歧枝繁缕

[植物形态]多年生草本，高15～30 cm①，稀60 cm，全株被腺毛。主根粗壮，圆柱形。茎丛生，圆柱形，多次二歧分枝，被腺毛或短柔毛。叶片卵形或卵状披针形，顶端急尖或渐尖，基部圆形或近心形，微抱茎，全缘，两面被腺毛或柔毛，稀无毛①②。聚伞花序顶生，具多数花；花梗细，被柔毛；萼片5，披针形，顶端渐尖，边缘膜质，中脉明显；**花瓣5，白色，轮廓倒披针形，2深裂至1/3处或中部，裂片近线形②**。蒴果宽卵形，种子卵圆形，褐黑色。花果期6～9月。

[生境分布]甘南各市县均有分布；生于海拔2 800 m左右的砾质山坡及固定沙丘等处。

[价　　值]杂类草；根入药。

山卷耳 *Cerastium pusillum* 石竹科 卷耳属

Wild Mouseear；shān juǎn ěr

[植物形态]多年生草本，高5～15 cm①。须根纤细。茎丛生，上升，密被柔毛。茎下部叶较小，叶片匙状，被长柔毛①；茎上部叶稍大，叶片长圆形至卵状椭圆形，顶端钝，基部钝圆或楔形，两面均被白色柔毛，边缘具缘毛，下面中脉明显①。聚伞花序顶生，具2～7朵花①；苞片草质；花梗密被腺柔毛，花后常弯垂；萼片5，披针状长圆形，下面密被柔毛，顶端两侧宽膜质；**花瓣5，白色，长圆形，比萼片长1/3～1/2，顶端2浅裂至1/4处②**。蒴果长圆形；种子扁圆形，褐色，具疣状凸起。花果期7～9月。

[生境分布]甘南各市县均有分布；生于海拔2 800～3 200 m的高寒草甸、砾质山坡及河谷等处。

[价　　值]杂类草。

瞿麦 *Dianthus superbus* 石竹科 石竹属

Fringed Pink；qú mài

[植物形态]多年生草本，高50～60 cm①。**茎丛生**，**直立**，绿色，无毛，上部分枝。**叶对生**，**线状披针形**②，顶端锐尖，中脉明显，基部合生成鞘状，绿色，或带粉绿色。花1～2，顶生或顶下腋生②；苞片倒卵形，2～3对；花萼圆筒形，**常带紫红色晕**②；**花瓣5**，通常淡红色或带紫色，稀白色，顶端深裂成细线条①③，基部成爪，有须毛。**蒴果长筒形**，顶端4裂；种子扁卵圆形，黑色，具光泽。花果期7-10月。

[生境分布]甘南各市县均有分布；生于海拔1 800～3 500 m的草地、高寒草甸及路旁等处。

[价　　值]观赏植物；全草入药；可制农药。

蔓茎蝇子草 *Silene repens* 石竹科 蝇子草属

Vine Catchfly；màn jīng yíng zi cǎo；匍生蝇子草

[植物形态]多年生草本，高15～50 cm①②，全株被短柔毛。茎疏丛生或单生。叶片线状披针形，基部楔形，顶端渐尖②，两面被柔毛，边缘基部具缘毛。**总状圆锥花序**，小聚伞花序常具花1～3①③；苞片披针形，草质；**花萼常带紫色**，筒状棒形，被毛，萼齿宽卵形，顶端钝，边缘膜质③，具缘毛；**花瓣白色，稀黄白色**③，爪倒披针形，不露出花萼，无耳，浅2裂或深达其中部；副花冠片长圆状，顶端钝，有时具裂片。蒴果卵形；种子肾形，黑褐色。花果期7-9月。

[生境分布]甘南各市县均有分布；生于海拔1 500～3 500 m的高山草地、砾质山坡及高寒草甸等处。

[价　　值]杂类草；全草入药。

菥蓂 *Thlaspi arvense* 十字花科 菥蓂属

Field Pennycress；xī mì；遏蓝菜，败酱草，犁头草

[植物形态]一年生草本，高9～60 cm①②，无毛；茎直立，不分枝或分枝①②，具棱①。基生叶倒卵状长圆形，顶端圆钝或急尖，**基部抱茎**，两侧箭形，边缘具疏齿；总状花序顶生；**花白色**①；萼片直立，卵形，顶端圆钝；花瓣长圆状倒卵形，顶端圆钝或微凹①。**短角果，倒卵形或近圆形，扁平，顶端凹入，边缘有翅**②③。种子倒卵形，稍扁平，黄褐色③，具环状条纹。花果期7～9月。

[生境分布]甘南各市县均有分布；生于海拔2 500～3 600 m的高寒草甸、路旁、撂荒地及村庄附近等处。

[价　　值]种子榨油；全草入药；嫩苗可作野菜。

紫花碎米荠 *Cardamine purpurascens* 十字花科 碎米荠属

Tangut Bittercress；zǐ huā suì mǐ jì；石芥菜

[植物形态]多年生草本，高15～50 cm①；**根状茎细长呈鞭状**。茎下部通常无叶，上部具3～6叶；**茎生叶为羽状复叶，长6～10 cm，小叶3～5对**，小叶片矩圆状披针形，顶端短尖，边缘具锯齿，基部呈楔形或阔楔形①②，两面与边缘有少数短毛。**总状花序，花10余朵，顶生**①③；外轮萼片长圆形，内轮萼片长椭圆形，基部囊状，边缘白色膜质，外面带紫红色，有少数柔毛；**花瓣紫红色或淡紫色，倒卵状楔形，顶端截形或微凹**③，**基部渐狭成爪**；长角果条形，扁平；种子长椭圆形，褐色。花果期7～9月。

[生境分布]甘南各市县均有分布；生于海拔2 100～4 000 m的砾质山坡、灌丛及林缘等处。

[价　　值]杂类草；全草入药；幼苗可作野菜。

独行菜 *Lepidium apetalum* 十字花科 独行菜属

Apetalous pepperweed；dú xíng cài；腺茎独行菜，腺独行菜、辣辣

[植物形态]一年或二年生草本，高5～30 cm①；茎直立，有分枝，无毛或具微小头状毛。基生叶狭匙形，一回羽状浅裂或深裂；茎上部叶条形，有疏齿或全缘，花期后叶片脱落。**总状花序**，萼片早落，卵形，外面有柔毛；**花瓣不存在或退化成丝状**，比萼片短。短角果近圆形或宽椭圆形，扁平，顶端微缺②，上部有短刺，果梗弧形。种子椭圆形，棕红色。花果期5～7月。

[生境分布]甘南州各市县均有分布；生于海拔1 500～3 500 m的山沟、路旁、撂荒地及村庄附近。

[价　　值]杂类草；全株入药。

播娘蒿 *Descurainia sophia* 十字花科 播娘蒿属

Herb Sophia；bō niáng hāo

[植物形态]一年生草本，高20～80 cm①②。茎直立，多分枝，常于下部成淡紫色。**叶为三回羽状深裂**①，末端裂片条形或长圆形，下部叶具柄，上部叶无柄。总状花序伞房状①③，果期伸长，花小而多；萼片直立，早落，长圆条形，背面有分叉细柔毛；**花瓣黄色**③，长圆状倒卵形，或稍短于萼片，具爪。长角果，圆筒状④。种子长圆形，淡红褐色，表面有细网纹。花期7～10月。

[生境分布]甘南各市县均有分布；生于海拔1 800～3 300 m的高山草原、高寒草甸、路旁及田边等处。

[价　　值]杂类草；种子可榨油、入药。

涩荠 *Malcolmia africana* 十字花科 涩荠属

Africa Malcolmia；sè jì；马康草、离蕊芥、千果草、麦拉拉

[植物形态]二年生草本，高8～35 cm①，密生单毛或叉状硬毛②；茎直立，多分枝，具棱②。叶长圆形、倒披针形或近椭圆形，顶端圆形，有小短尖，基部楔形，边缘有波状齿或全缘②。总状花序，花10～30，疏松排列，果期变长；萼片长圆形；十字形花冠，花瓣紫色或粉红色③。长角果，圆柱形，近4棱，倾斜、直立或稍弯曲，密生短或长分叉毛②；种子长圆形，浅棕色。花果期7－10月。

[生境分布]甘南各市县均有分布；生于海拔1 800～3 300 m的秃斑地、田间及路旁等处。

[价　　值]杂类草；种子可榨油、入药。

甘青老鹳草 *Geranium pylzowianum* 牻牛儿苗科 老鹳草属

Ganqing Cranebill；gān qīng lǎo guàn cǎo

[植物形态]多年生草本，高10～20 cm①。**根茎细长，横生，节部常念珠状膨大，膨大处有不定根和常发育有地上茎。**茎细弱，被倒向短柔毛或下部近无毛，具1～2分枝。**叶互生，肾状圆形，掌状5～7深裂至基部，小裂片短条形，全缘，表面被疏伏毛①②，背面仅沿脉被伏毛，托叶披针形，基部合生。花序腋生**①，花2或4顶生呈二歧聚伞状；总花梗密被倒向短柔毛；苞片披针形，边缘被长柔毛；花梗与总花梗相似，长为花的1.5～2倍，下垂；萼片披针形或披针状矩圆形①，外被长柔毛；**花瓣紫红色，倒卵圆形①③，长为萼片的2倍**①。蒴果，被疏短柔毛。花果期7－10月。

[生境分布]甘南各市县均有分布；生于海拔2 800～3 500 m的高寒草甸、灌丛及林缘等处。

[价　　值]杂类草；观赏植物；全草入药。

草地老鹳草 *Geranium pratense* 牻牛儿苗科 老鹳草属

Lea Cranebill；cǎo dì lǎo guàn cǎo

[植物形态]多年生草本，高30～90 cm①②。根茎粗壮，斜升，具纺锤形块根。茎单一或丛生，直立，假二叉状分枝，被倒向弯曲的柔毛和开展的腺毛①。叶基生和茎上对生；肾圆形或上部叶五角状肾圆形，基部宽心形，掌状7～9深裂近茎部，裂片菱形或狭菱形，羽状深裂，小裂片条状卵形，常具1～2齿①③，表面被疏伏毛，背面通常仅沿脉被短柔毛。托叶披针形或宽披针形；基生叶和茎下部叶具长柄，柄长为叶片的3～4倍；聚伞花序生于茎顶端①，向下弯曲或果期下折；花蓝紫色，宽倒卵形④，长为萼片的1.5倍；萼片5，披针形，密被白色长硬毛④。蒴果，被短柔毛和腺毛①②⑤。花果期7～10月。

[生境分布]甘南各市县均有分布；生于海拔2 600～3 800 m的高寒草甸、灌丛及林缘等处。

[价　　值]杂类草；全草入药。

鼠掌老鹳草 *Geranium sibiricum* 牻牛儿苗科 老鹳草属

Siberian Geranium；shǔ zhǎng lǎo guàn cǎo；风露草

[植物形态] 一年生或多年生草本，高30～70 cm①。茎纤细，仰卧或近直立，多分枝，具棱槽，被倒向疏柔毛。叶对生②；托叶披针形，棕褐色，先端渐尖，基部抱茎，外被倒向长柔毛；基叶和茎下部叶具长柄，柄长为叶片的2～3倍；下部叶片肾状五角形，基部宽心形，掌状5深裂，裂片倒卵形、菱形或长椭圆形，中部以上齿状羽裂或齿状浅缺刻，下部楔形②，两面被疏伏毛，背面沿脉被毛较密；上部叶片具短柄，3～5裂。总花梗丝状，单生于叶腋，长于叶，被倒向柔毛或伏毛，花1，稀2；苞片对生，棕褐色；萼片卵状椭圆形或卵状披针形，背面沿脉被疏柔毛；花瓣倒卵形，淡紫色或白色，等于或稍长于萼片，先端微凹或缺刻状③；蒴果。种子肾状椭圆形，黑色④。花果期7－10月。

[生境分布]甘南各市县均有分布；生于海拔2 600～3 800 m的高寒草甸、灌丛及河谷阶地等处。

[价　　值]杂类草；全草入药。

熏倒牛 *Biebersteinia heterostemon* 牻牛儿苗科 熏倒牛属

Biebersteinia；xūn dǎo niú；臭婆娘

[植物形态]一年生草本，高30～180 cm①②，具浓烈腥臭味，全株被深褐色腺毛和白色糙毛。茎单一，直立，上部分枝。叶为三回羽状全裂①，末回裂片狭条形或齿状；基生叶和茎下部叶片具长柄，上部叶柄渐短或无柄；托叶半卵形，与叶柄合生，先端撕裂。圆锥聚伞花序，花3；苞片披针形；萼片宽卵形；花瓣5枚，黄色，倒卵形，边缘具波状浅裂。蒴果肾形。种子肾形，具细纹。花果期7-9月。

[生境分布]除玛曲外甘南各市县均有分布；生于海拔1 500～3 200 m的河滩地、撂荒地及路边等处。

[价　　值]季节性毒草；全草入药。

黑柴胡 *Bupleurum smithii* 伞形科 柴胡属

Black Bupleuri；hēi chái hú

[植物形态]多年生草本，高25～60 cm①，植株变异较大。茎直立或斜升，丛生，具明显的纵槽纹，上部有时具短分枝。基部叶丛生，狭长圆形或长圆状披针形或倒披针形，顶端钝或急尖，有小突尖，基部渐狭成叶柄，叶基带紫红色，扩大抱茎，叶缘白色，膜质②；中部的茎生叶狭长圆形或倒披针形，下部较窄成短叶柄或无柄，顶端短渐尖，基部抱茎；总苞片1～2或无；伞辐4～9，近等长，具棱；小总苞片6～9，卵形至阔卵形，顶端有小短尖头，黄绿色；复伞形花序；花瓣黄色，有时背面带淡紫红色；花柱基干燥时紫褐色。果棕色，卵形，具棱③。花果期7-9月。

[生境分布]甘南各市县均有分布；生于海拔2 800～3 400 m的高寒草甸、灌丛及山坡草地等处。

[价　　值]杂类草，全草入药。

窃衣 *Torilis scabra* 伞形科 窃衣属

Hemlock Chervil；qiè yī

[植物形态]一年生或多年生草本，高10～70 cm①。全株贴生短硬毛。茎单生，有分枝，有细直纹和刺毛。叶卵形，一至二回羽状分裂，小叶片披针状卵形，羽状深裂①，末回裂片披针形至长圆形，边缘有条裂状粗齿至缺刻或分裂。复伞形花序顶生和腋生，花序梗长2～8 cm②；总苞片常无，稀1，伞辐2～4，长1～5 cm，粗壮，有纵棱及向上紧贴的硬毛；小总苞片5～8，钻形或线形；小伞形花序，花4～12；萼齿三角状披针形，花瓣粉白色至白色，倒圆卵形，先端内折②。果实长圆形，有内弯或呈钩状的皮刺。花果期8～10月。

[生境分布]甘南各市县均有分布；生于海拔2500 m的高山草地、撂荒地及路旁等处。

[价　　值]杂类草；全草入药。

长茎藁本 *Ligusticum thomsonii* 伞形科 藁本属

Thomson Ligusticum；cháng jīng gǎo běn

[植物形态]多年生草本，高20～90 cm①。茎多条，自基部丛生，紫色，具条棱及纵沟纹，着生倒毛②；基生叶具柄，基部扩大为具白色膜质边缘的叶鞘；叶片狭长圆形，羽状全裂，羽片5～9对，边缘具不规则锯齿至深裂③，背面具网状脉纹，脉上具毛；茎生叶较少，仅1～3枚，无柄。复伞形花序顶生或侧生，顶生者直径4～5 cm，侧生者常小而不发育①；总苞片5～6，线形，具白色膜质边缘；伞辐12～20；小总苞片10～15，线形至线状披针形，具白色膜质边缘；花瓣5枚，白色①，卵形。分生果，长圆状卵形。果期8～10月。

[生境分布]甘南各市县均有分布；生于海拔2000～3800 m的高寒草甸、灌丛及林缘等处。

[价　　值]杂类草；全草入药。

滇藏柳叶菜 *Epilobium wallichianum* 柳叶菜科 柳叶菜属

Yunnan-Tibet Willowherb; diān zàng liǔ yè cài; 大花柳叶菜

[植物形态]多年生草本，直立或斜升，高15～80 cm①②。茎四棱形，花序上被曲柔毛与腺毛，花序以下除有2或4条毛棱线外无毛。叶对生，花序上的互生，在茎上常排列很稀疏，长圆形、狭卵形或椭圆形②，纸质，先端钝圆或锐尖，基部近圆形、近心形或宽楔形，边缘每边有10～25枚细锯齿，侧脉每侧4～6条④，下面隆起，脉上与边缘有毛。花序被混生的曲柔毛与腺毛。花下垂；**花蕾卵状或近球状卵形**；花管喉部有一环毛；萼片披针状长圆形，被稀疏的曲柔毛与腺毛。**花瓣粉红色至玫瑰紫色，倒心形，先端凹缺深**③。蒴果，疏被曲柔毛与腺毛④；种子长圆倒卵状，顶端具喙，褐色；种缨污白色。花果期7～9月。

[生境分布]甘南州各市县均有分布；生于海拔2 100～3 800 m的沟谷溪旁及林缘等阴湿处。

[价　　值]杂类草；全草入药。

柳兰 *Chamerion angustifolium* 柳叶菜科 柳叶菜属

Fireweed; liǔ lán; 铁筷子、火烧兰、糯芋

[植物形态]多年生草本，直立。茎高20～130 cm，圆柱状，无毛。叶螺旋状互生，披针形，边缘有细锯齿，两面被微柔毛，具短柄；**总状花序顶生，苞片条形；两性，红紫色；花瓣4，倒卵形，顶端钝圆**①，基部具短爪；雄蕊8枚，向一侧弯曲①；柱头白色，4深裂，裂片长圆状披针形①，上面密生小乳突；**蒴果圆柱状，密被贴生的白灰色柔毛**②；果瓣成熟后反卷；种子狭倒卵状，多数，顶端具1簇长1～1.5 cm的白色种缨。花果期8-10月。

[生境分布]甘南州各市县均有分布；生于海拔2 400～3 600 m的高寒灌丛、高山草甸及河谷等处。

[价　　值]杂类草；观赏植物；蜜源植物；根茎入药。

沼生柳叶菜 *Epilobium palustre* 柳叶菜科 柳叶菜属

Marsh Willowherb; zhǎo shēng liǔ yè cài; 水湿柳叶菜、独木牛

[植物形态]多年生草本，高20～50cm①。茎下部叶对生，茎上部叶互生，近条形至狭披针形，全缘①②，下面脉上与边缘疏生曲柔毛或近无毛；近无柄。花序密被曲柔毛，有时混生腺毛。花蕾椭圆状卵形；子房密被曲柔毛，有时混生腺毛；**花瓣4，白色至粉红色或玫瑰紫色，倒心形，先端的凹缺深0.8～1mm**③。蒴果棒状，具棱，被曲柔毛③④，果瓣成熟后展开。种子褐色，顶端具长喙，表面具乳突；种缨灰白色或褐黄色不易脱落④。花果期6～9月。

[生境分布]碌曲、玛曲、夏河、合作均有分布；生于海拔1 800～3 000 m的高寒草甸、沼泽草甸等阴湿处。

[价　　值]杂类草；全草入药。

小灯心草 *Juncus bufonius* 灯心草科 灯心草属

Small Juncus；xiǎo dēng xīn cǎo

[植物形态]一年生草本，高4～20cm，稀30cm①②。茎丛生，细弱，直立或斜升，有时稍下弯，基部常红褐色①。叶基生和茎生；茎生叶1片；叶片条形，扁平，长1～13cm，宽约1mm，顶端尖；叶鞘具膜质边缘，无叶耳。**花序生于茎顶，二歧聚伞状或列成圆锥状，占整个植株的1/4～4/5**②，花序分枝细弱而微弯；总苞片叶状；花排列疏松，具花梗和小苞片；小苞片2～3，三角状卵形，膜质；花被片披针形，背部中间绿色，边缘宽膜质，白色，顶端锐尖。蒴果三棱状椭圆形，黄褐色。种子椭圆形，黄褐色，有纵纹。花果期7～9月。

[生境分布]碌曲、玛曲、夏河及合作均分布；生于海拔2 800～3 500 m左右的沼泽草甸、河边等阴湿处。

[价　　值]牧草；全草入药。

贴苞灯心草 *Juncus triglumis* 灯心草科 灯心草属

tiē bāo dēng xīn cǎo

[植物形态]多年生草本，高7~31cm①②。茎丛生，直立，圆柱形，淡绿色，光滑①②。叶基生，短于茎①②；叶片条形，绿色，顶端尖；叶鞘长1~4cm，边缘膜质；叶耳钝圆，常带淡紫红色。**头状花序，顶生，有 (2-) 3~5朵花**；苞片3~4，宽卵形，顶端钝圆或稍尖，暗棕色；花具短梗；花被片披针形，外轮比内轮稍长，膜质，顶端渐尖，黄白色。**蒴果三棱状长圆形，顶端具短尖头，成熟时红褐色**③。种子长圆形，锯屑状，顶端和基部具白色附属物。花果期6~9月。

[生境分布]碌曲、玛曲均有分布；生于海拔3 000~4 500 m的高寒灌丛及沼泽草甸等处。

[价　　值]牧草；全草入药。

栗花灯心草 *Juncus castaneus* 灯心草科 灯心草属

Maroon Flower Juncus；lì huā dēng xīn cǎo

[植物形态]多年生草本，高15~40cm①②，具长根状茎及黄褐色须根②③。茎直立，单生或丛生，**圆柱形，具纵沟纹，绿色**。基生叶2~4，顶端尖，边缘常内卷或折叠；叶鞘边缘膜质，松弛抱茎；茎生叶1或缺，叶片扁平或边缘内卷。**2~8个头状花序组成聚伞状花序，顶生**④；总苞片叶状，1~2，线状披针形，常超出花序；苞片2~3，披针形，常短于花；花被片披针形，暗褐色至淡褐色。蒴果，三棱状长圆形，顶端逐渐变细呈喙状，成熟时深褐色⑤。种子长圆形，黄色，锯屑状。花果期7~9月。

[生境分布]碌曲、玛曲均有分布；生于海拔2 500~3 200 m的沼泽草甸及灌丛草甸等处。

[价　　值]牧草；全草入药。

天蓝韭 *Allium cyaneum* 百合科 葱属

Skyblue Leek；tiān lán jiǔ

[植物形态]多年生草本，高15～30cm，鳞茎数枚聚生，圆柱状，鳞茎外皮暗褐色，老时破裂成纤维状，常呈不明显的网状①。叶半圆柱状，上面具沟槽。花葶圆柱状，常在下部被叶鞘；总苞单侧开裂或2裂，比花序短；**伞形花序近扫帚状，有时半球状②，疏散；花天蓝色或紫蓝色②**；花被片6，卵形或矩圆状卵形；**花丝等长，常为花被片长度的1.5倍②**；子房近球状；**花柱伸出花被外②**。花果期8－10月。

[生境分布]甘南各市县均有分布；生于海拔2500～3900m的高寒草甸、灌丛及河谷阶地等处。

[价　　值]杂类草；幼苗可作野菜。

蓝花韭 *Allium beesianum* 百合科 葱属

Blue-flower Leek；lán huā jiǔ

[植物形态]多年生草本，高15～30cm。鳞茎数枚聚生，圆柱状，鳞茎外皮褐色，破裂成纤维状，基部近网状①。**叶条形②**，内卷。花葶圆柱状，中部以下被叶鞘；总苞单侧开裂，早落；**伞形花序半球状**；小花梗近等长，近等长于或短于花被片，基部无小苞片；**花被狭钟状，蓝色至蓝紫色③**；花被片6③；**花丝近等长，常为花被片长的4/5③**，基部合生并与花被片贴生。花果期8－10月。

[生境分布]甘南各市县均有分布；生于海拔2500～4000m的高寒草甸、灌丛及河谷阶地等处。

[价　　值]杂类草；幼苗可作野菜。

①

②

①

青甘韭 *Allium przewalskianum* 百合科 葱属

Przewalski's Leek；qīng gān jiǔ；甘青野韭

[植物形态]多年生草本①，高15～40 cm；鳞茎数枚聚生，有时基部被以共同的网状鳞茎外皮；鳞茎外皮红色破裂成纤维状，呈明显的网状，常紧密地包围鳞茎②。叶半圆柱状至圆柱状，具4～5纵棱，短于或略长于花葶①。花葶圆柱状①，下部被叶鞘；总苞具喙；伞形花序球状或半球状，具多而稍密集的花③；**花淡红色至深紫红色③**；花被片先端微钝，内轮的矩圆形至矩圆状披针形，外轮的卵形或狭卵形，略短；**花丝等长，为花被片长的1.5～2倍③**，在基部合生并与花被片贴生；花柱在花后期伸出，与花丝近等长。花果期7～10月。

[生境分布]甘南各市县均有分布；生于海拔2 000～4 500 m的高山草地及高寒草甸等处。

[价　　值]杂类草；幼苗可作野菜。

麻叶荨麻 *Urtica cannabina* 荨麻科 荨麻属

Hempleaf Nettle；má yè qián má；嫩麻、哈拉海、蝎子草、螫麻子

[植物形态]多年生草本，高50～150 cm①，茎四棱形，生螫毛和紧贴的微柔毛②④；**叶对生，五角形，掌状3全裂或3深裂**，一回裂片再羽状深裂③，两面疏生短柔毛，下面疏生螫毛；雌雄同株或异株，雄花序圆锥状，生下部叶腋，斜展，生最上部叶腋的雄花序中常混生雌花，雌花序生上部叶腋，常穗状④。瘦果卵形，熟时变灰褐色，表面有明显或不明显的褐红色点④。花果期7～10月。

[生境分布]甘南各市县均有分布；生于海拔2 800～3 500 m的山坡草地、河谷阶地及路旁等处。

[价　　值]茎皮可作纺织原料；幼嫩茎叶可食；全草入药；人畜皮肤接触其汁液易过敏起疹。

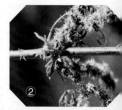

宽叶荨麻 *Urtica laetevirens* 荨麻科 荨麻属

Broadleaf Nettle; kuān yè qián má; 哈拉海、蝎子草、痒痒草、螫麻子

[植物形态]多年生草本，高30～100 cm①。茎四棱形，近无刺毛或有稀疏的刺毛和疏生细糙毛，节间长，节上密生细糙毛②。叶近膜质，卵形或披针形，先端短渐尖至尾状渐尖，基部圆形或宽楔形，边缘除基部和先端全缘外，有锐或钝的牙齿或牙齿状锯齿③，两面疏生刺毛和细糙毛，脉3，其侧出的一对多少弧曲。雌雄同株，稀异株，花序近穗状，雄花序生上部叶腋，雌花序生下部叶腋②③。果卵形，双凸透镜状。花果期6-9月。

[生境分布]甘南各市县均有分布；生于海拔2 800～3 500 m的河谷阶地、灌丛、林缘及路旁等处。

[价　　值]茎皮可作纺织原料；幼嫩茎叶可食；全草入药；人畜皮肤接触其汁液易过敏起疹。

红花绿绒蒿 *Meconopsis punicea* 罂粟科 绿绒蒿属

Red Meconopsis；hóng huā lǜ róng hāo；阿伯几麻鲁

[植物形态]多年生草本，高30～75 cm①。叶全部基生，莲座状，叶片倒披针形或狭倒卵形①，边缘全缘，两面密被淡黄色或棕褐色、具多短分枝的刚毛，具纵脉；花葶1～6，从莲座叶丛中生出，常具肋，被棕黄色、具分枝且反折的刚毛①。花单生于花葶顶端，下垂①②；萼片卵形，外面密被淡黄色或棕褐色、具分枝的刚毛；花瓣4，稀6，椭圆形，深红色①②。蒴果长圆形，无毛或密被淡黄色、具分枝的刚毛①③，4～6瓣自顶端微裂。种子具乳突。花果期7-9月。

[生境分布]除舟曲外甘南各市县均有分布；生于海拔2 800～4 000 m的高寒灌丛及路边等处。

[价　　值]观赏植物；全草入药。

细果角茴香 *Hypecoum leptocarpum* 罂粟科 角茴香属

Thin Hornfennel; xì guǒ jiǎo huí xiāng; 节裂角茴香、巴尔巴大

[植物形态]一年生草本, 高4~60 cm①②。茎丛生, 铺散而先端向上②, 多分枝。基生叶多数, 蓝绿色, 叶片狭倒披针形, 二回羽状全裂, 裂片4~9对, 宽卵形或卵形, 疏离, 羽状深裂, 小裂片披针形、卵形、狭椭圆形至倒卵形①②。**花茎多数, 通常二歧状分枝**②; 苞叶轮生, 卵形或倒卵形, 二回羽状全裂。二歧聚伞花序, 每花具刚毛状小苞片; 萼片卵形或卵状披针形, 绿色, 边缘膜质, 全缘, 稀具小牙齿; **花瓣白色或淡紫色**。蒴果圆柱形③。种子扁平, 宽倒卵形。花果期7-9月。

[生境分布]甘南州各市县均有分布; 生于海拔2 500~3 800 m的高寒草甸、路旁及秃斑地等处。

[价　　值]杂类草; 全草入药。

山生柳 *Salix oritrepha* 杨柳科 柳属

Mountain Willow; shān shēng liǔ

[植物形态]落叶灌木, 高60~120 cm①②。老枝灰色, 当年生枝条紫红色。叶椭圆形或卵圆形, **长1~1.5 cm, 稀2.4 cm, 宽4~8 mm, 稀1.5 cm**, 先端钝或急尖, 基部圆形或钝, 上面绿色, 具疏柔毛或无毛, 下面灰色或稍苍白色, 有疏柔毛, 后无毛, 叶脉网状凸起, 全缘, 叶柄长5~8 mm, 紫色, 具短柔毛或近无毛③。雄花序密集, 圆柱形, 具2~3倒卵状椭圆形小叶; 雌花序, 具2~3叶③, 轴有柔毛; 苞片宽倒卵形, 两面具毛, 深紫色; 腺体2, 常分裂, 而基部结合, 形成假花盘状。花果期6-9月。

[生境分布]甘南各市县均有分布; 生于海拔3 200~4 300 m的高寒灌丛等处。

[价　　值]牛羊采食叶片; 景观绿篱; 入药。

杯腺柳 *Salix cupularis* 杨柳科 柳属

Cupular Willow；bēi xiàn liǔ

[植物形态]落叶灌木，高60~150 cm①。小枝紫褐色或黑紫色，老枝发灰色，节突起，十分明显②。芽狭长圆形，棕褐色，有光泽②③。叶椭圆形或倒卵状椭圆形，稀近圆形，长1.5~2.7 cm，宽1~1.5 cm，先端近圆形，有小突尖，基部圆形或宽楔形，上面暗绿色，下面稍带白色，侧脉6~9对，全缘，两面无毛②；叶柄长为叶的1/3~1/2，淡黄色；托叶近圆盘形。雄花序，有短梗，基部有3小叶；苞片倒卵形，先端圆截形，为花丝长的一半；**有背、腹腺，狭卵状圆柱形**；雌花序椭圆形至短圆柱形。蒴果③。花果期6~9月。

[生境分布]碌曲、玛曲、夏河及合作均有分布；生于海拔2 500~4 300 m的高寒灌丛等处。

[价　　值]叶片牛羊采食；景观绿篱；入药。

藜 *Chenopodium album* 藜科 藜属

Lamb's Quarters；lí；灰条菜、白藜、灰菜

[植物形态]一年生草本，高30~150 cm①。**茎直立，具条棱及绿色或紫红色条纹**，多分枝，斜升或开展①。叶片菱状卵形至宽披针形，上面通常无粉，有时嫩叶的上面有紫红色粉，下面灰绿色，**边缘具不整齐锯齿**①②；叶柄与叶片近等长，或为叶片长度的1/2②。**花两性，花簇生枝上部排列成穗状圆锥状或圆锥状花序**②；**花被片5**，宽卵形至椭圆形，背面具纵隆脊，有粉，边缘膜质。果皮与种子贴生。种子横生，双凸镜状，黑色，有光泽，具浅沟纹。花果期7~10月。

[生境分布]甘南市各市县均有分布；生于海拔1 500~3 500 m的路旁、撂荒地、田间及畜圈滩等处。

[价　　值]杂类草；幼苗可作野菜；全草入药。

驼绒藜 *Ceratoides latens* 藜科 驼绒藜属

Ceratoides；tuó róng lí；优若藜

[植物形态]多年生草本，灌木状，植株高30～100 cm①②，分枝多集中于下部，有星状毛，斜展或平展。**叶较小，条形、条状披针形、披针形或矩圆形③**，长1～2 cm，稀5 cm，宽0.2～1 cm，先端急尖或钝，基部渐狭、楔形或圆形，极稀为羽状。**雄花序短而紧密。雌花管椭圆形；**花管裂片角状，其长为管长的1/3到等长。果直立，椭圆形，被毛。花果期7-9月。

[生境分布]夏河、碌曲均有；生于海拔2 000～3 500 m的高寒草地及路旁等处。

[价　　值]杂类草；防风固沙植物。

广布红门兰 *Orchis chusua* 兰科 红门兰属

Blazon Orchis；guǎng bù hóng mén lán；库莎红门兰

[植物形态]陆生兰，多年生草本，高5～45 cm①。块下茎长圆形或圆球形，肉质，不裂。茎直立，圆柱状，基部具1～3枚筒状鞘，**鞘上常具2～3叶①**。叶片长圆状披针形、披针形或线状披针形至线形，内卷①。**花序具1～20余朵花，多偏向一侧；花紫红色或粉红色②③；**中萼片长圆形或卵状长圆形，凹陷呈舟状，与花瓣靠合呈兜状；侧萼片向后反折，卵状披针形；花瓣斜狭卵形、宽卵形或狭卵状长圆形，边缘膙出；唇瓣向前伸展，较萼片长，3裂，中裂片顶端具短尖或微凹，侧裂片扩展②。蒴果③，花果期7-9月。

[生境分布]甘南各市县均有分布，生于海拔2 800～4 200 m的高寒草甸、灌丛及林缘等处。

[价　　值]杂类草；入药。

角盘兰 *Herminium monorchis* 兰科 角盘兰属

Common Herminium；jiǎo pán lán

[植物形态]陆生兰，多年生草本，高5.5～35 cm①。块茎球形。茎直立，基部具2枚筒状鞘，**下部具叶2～3**，叶上方具苞片状小叶1～2。叶片狭椭圆状披针形或狭椭圆形，基部渐狭并略抱茎①。总状花序具多数花，**圆柱状**①②；苞片线状披针形，尾状，直立伸展；子房圆柱状纺锤形，扭转，顶部明显钩曲；**花黄绿色，垂头，萼片近等长**①②；中萼片椭圆形或长圆状披针形；侧萼片长圆状披针形；花瓣近菱形，向先端渐狭，或中部多少3裂；唇瓣与花瓣等长，基部凹陷呈浅囊状，近中部3裂。花果期7～9月。

[生境分布]甘南各市县均有分布，生于海拔2 500～4 200 m的河谷阶地、沼泽草甸等阴湿处。

[价　　值]杂类草；入药。

天山茶藨子 *Ribes meyeri* 虎耳草科 茶藨子属

Tianshan Currant; tiān shān chá biāo zǐ；五裂茶藨、麦粒醋栗

[植物形态]落叶灌木，高1～2 m①；**小枝灰棕色或浅褐色，皮长条状剥离，嫩枝带黄色或浅红色**②；芽小，卵圆形或长圆形，先端急尖，具数枚褐色鳞片，外面无毛或微具短柔毛。**叶近圆形，两面无毛，稀于下面脉腋间稍有短柔毛，掌状5，稀3浅裂，裂片三角形或卵状三角形，边缘具粗锯齿，叶柄具疏腺毛**③。**花两性，总状花序下垂，花7～17，排列紧密**；苞片卵圆形，微具短柔毛；**花萼紫红色或浅褐色而具紫红色斑点和条纹**；萼筒钟状；萼片匙形或倒卵圆形，边缘具睫毛，花后直立；花瓣狭楔形或近线形。**果实圆形，紫黑色**，多汁而味酸。花果期7～9月。

[生境分布]甘南各市县均有分布；生于海拔2 000～3 800 m的高寒灌丛及林缘等处。

[价　　值]叶片牛羊采食；果实可供食用或酿酒。

细叉梅花草 *Parnassia oreophila* 虎耳草科 梅花草属

Mountain-loving Parnassia; xì chā méi huā cǎo; 四川苍耳七

[植物形态]多年生草本，高17～30cm①。根状茎长圆形或块状，其上有残存褐色鳞片，周围长出丛密细长的根。基生叶2～8，具柄；叶片卵状长圆形或三角状卵形，全缘，有凸起脉3～5；叶片长2～5(-10)cm，扁平，两侧均为窄膜质；托叶膜质。茎生叶卵状长圆形，无柄，半抱茎②。花单生于茎顶，萼筒钟状；萼片披针形；花瓣白色，宽匙形或倒卵长圆形③，脉5，紫褐色；雄蕊5，退化雄蕊5枚，先端3深裂达2/3，柱头3裂③。蒴果，长卵球形，褐色。花果期7-9月。

[生境分布]迭部、临潭及卓尼均有分布；生于海拔2000～3200m的高山草地、高寒草甸及灌丛等阴湿处。

[价　　值]杂类草；全草入药。

中国沙棘 *Hippophae rhamnoides* 胡颓子科 沙棘属

Chinese Sandthorn; zhōng guó shā jí; 醋柳、黄酸刺、黑刺、酸刺

[植物形态]落叶灌木或乔木，高1～5m①②。棘刺较多，顶生或侧生。嫩枝褐绿色，密被银白色而带褐色鳞片或具白色星状柔毛，老枝灰黑色，粗糙；芽大，金黄色或锈色。叶，对生，纸质，狭披针形或矩圆状披针形，两端钝形或基部近圆形，上面绿色，初被白色盾形毛或星状柔毛，下面银白色或淡白色，被鳞片③。雄花淡黄色，花被片2，雌花具短柄，花被筒状；浆果，圆球形，橙黄色或橘红色④；种子阔椭圆形至卵形，黑色或紫黑色，具光泽。花果期7-10月。

[生境分布]甘南各市县均有分布；生于海拔1500～3600m的砾石山坡及河谷阶地等处。

[价　　值]浆果可做饮料；叶及幼嫩枝牛羊采食。

西藏沙棘 *Hippophae tibetana* 胡颓子科 沙棘属

Tibetan Sandthorn；xī zàng shā jí

[植物形态]落叶灌木，高4～60 cm，稀1 m①②；叶腋通常无棘刺。单叶，三叶轮生或对生，稀互生，条形或矩圆状条形，两端钝，全缘，上面幼嫩时疏生白色鳞片，成熟后脱落，暗绿色，下面灰白色，密被银白色和散生少数褐色细小鳞片③。雌雄异株；雄花黄绿色，花萼2裂，雄蕊4，花萼囊状，顶端2齿裂。浆果，阔椭圆形或近圆形，顶端具6条放射状黑色条纹，成熟时黄褐色④⑤。花果期7–10月。

[生境分布]碌曲、玛曲、夏河、合作均有分布；多生于海拔2 800～4 200 m的高寒草甸及灌丛等处。

[价　　值]浆果可做饮料；枝叶入药；叶及幼嫩枝牛羊采食。

头花杜鹃 *Rhododendron capitatum* 杜鹃花科 杜鹃属

Capitate Rhododendron；tóu huā dù juān

[植物形态]常绿灌木，高0.5～1.5 m，分枝多，枝条直立而稠密①。小枝密生鳞片②。叶近革质，椭圆形或长圆状椭圆形，长10～25 mm，宽4～9 mm，上面灰绿或暗绿色，被灰白色或淡黄色鳞片②④，相邻接或重叠，下面淡褐色，具二色鳞片。头状花序顶生，伞形，花5～8；花萼长圆形或卵形，裂片5；花冠狭漏斗状，淡紫或深紫，紫蓝色③。蒴果卵圆形，被鳞片④。花果期6–9月。

[生境分布]碌曲、玛曲、夏河、卓尼及合作均有分布；生于海拔2 800～4 000 m的高寒灌丛及沟谷等处。

[价　　值]入药；观赏植物。

千里香杜鹃 *Rhododendron thymifolium* 杜鹃花科 杜鹃属

Qianlixiang Rhododendron；qiān lǐ xiāng dù juān

[植物形态]常绿灌木，高0.3～1.3 m，分枝多而纤细，疏展或成帚状①。枝条灰棕色，无毛，密被暗色鳞片。叶芽鳞脱落。叶常聚生枝顶，近革质，椭圆形、长圆形、窄倒卵形至卵状披针形，**长3～12 mm，稀18 mm，宽1.8～5 mm，稀7 mm**，顶端具短凸尖，基部楔形，上面灰绿色，无光泽，密被银白色或淡黄色鳞片②，下面黄绿色，被银白色、灰褐色至麦黄色的鳞片，相邻接至重叠。**花单生枝顶或偶成双**，花芽鳞宿存；花冠宽漏斗状，鲜紫蓝以至深紫色，花柱紫色③。蒴果卵圆形③，被鳞片。花果期6～9月。

[生境分布]碌曲、玛曲、夏河、卓尼及合作均有分布；生于海拔2 800～4 000 m的高寒灌丛及沟谷等处。

[价　　值]入药；观赏植物。

大车前 *Plantago major* 车前科 车前属

Common Plantain；dà chē qián；钱贯草、大猪耳朵草

[植物形态]二年生或多年生草本①。叶基生，呈莲座状；叶片草质或纸质，宽卵形至宽椭圆形，边缘波状、疏生不规则牙齿或近全缘，两面疏生短柔毛或近无毛，少数被较密的柔毛，脉5～7，稀3②；叶柄基部鞘状。花序1至数个；花序梗直立或弓曲上升，被短柔毛或柔毛；**穗状花序细圆柱状③**，基部常间断；苞片宽卵状三角形，龙骨突宽厚。花萼片先端圆形，边缘膜质，龙骨突不达顶端，前对萼片椭圆形至宽椭圆形，后对萼片宽椭圆形至近圆形。**花冠白色**，冠筒等长或略长于萼片，裂片披针形至狭卵形，于花后反折。蒴果近球形、卵球形或宽椭圆球形③。种子黄褐色。花果期7-9月。

[生境分布]甘南各市县均有分布；生于海拔1 500～3 200 m的高山草地、撂荒地及路旁等处。

[价　　值]杂类草；种子入药。

平车前 *Plantago depressa* 车前科 车前属

Depressed Plantain；píng chē qián；车前草、车串串

[植物形态]一年生草本①②③。叶基生，莲座状①②③；叶片纸质，椭圆形、椭圆状披针形或卵状披针形，边缘有远离小齿或不整齐锯齿，两面疏生白色短柔毛②③；穗状花序细圆柱状①，上部密集，基部常间断；苞片三角状卵形，内凹，龙骨突宽厚。花萼无毛，龙骨突宽厚，不延至顶端，前对萼片狭倒卵状椭圆形至宽椭圆形，后对萼片倒卵状椭圆形至宽椭圆形。

花冠白色，冠筒等长或略长于萼片，裂片椭圆形或卵形，于花后反折。蒴果圆锥状④⑤。种子椭圆形。花果期7～9月。

[生境分布]甘南各市县均有分布；生于海拔1 500～3 200 m的高山草地、撂荒地及路旁等处。

[价　　值]杂类草；种子入药。

马蔺 *Iris lactea* 鸢尾科 鸢尾属

Chinese Iris；mǎ lìn；紫蓝草、兰花草、马莲

[植物形态]多年生草本，高25～50 cm，丛生①②；叶基生，灰绿色，条形或狭剑形①，具两面凸起的平行脉③④；花茎光滑；苞片3～5枚，草质，绿色，边缘白色，披针形，内有花2～4；花浅蓝色、蓝色或蓝紫色③，外轮花被上有较深色的条纹，内轮3片倒披针形，直立。蒴果长椭圆形，具纵肋6条，有尖喙④；种子为不规则的多面体，棕褐色。花果期7～10月。

[生境分布]甘南各市县均有分布；多生于海拔1 800～3 200 m的高寒草甸、河谷阶地及路旁等处。

[价　　值]杂类草；花和种子入药；用于水土保持和改良盐碱地；造纸。

小丛红景天 *Rhodiola dumulosa* 景天科 红景天属

Shrubberry Rhodiola; xiǎo cóng hóng jǐng tiān; 灵雾景天、香景天

[植物形态]多年生草本，高10~20 cm①②。一年生花茎聚生主轴顶端，长5~28 cm，不分枝。叶互生，条形至宽条形①②，长**7~10 mm**，顶端急尖，基部无柄，全缘。花序聚伞状，顶生，花4~7；萼片5，条状披针形，先端渐尖；**花瓣5，白色或淡红色，披针状长圆形，直立**；蓇葖果。花果期7~9月。

[生境分布]碌曲、玛曲、夏河均有分布；生于海拔2600~3900 m的高山、流石滩等处。

[价　　值]杂类草；全草入药。

宿根亚麻 *Linum perenne* 亚麻科 亚麻属

Blue Flax; sù gēn yà má; 多年生亚麻、豆麻

[植物形态]多年生草本，高20~90 cm①。根粗壮，根颈头木质化。茎多数，直立或仰卧，中部以上多分枝①，具密集狭条形叶的不育枝。叶互生；叶片狭条形或条状披针形，全缘内卷，先端锐尖，基部渐狭②。**花多数，组成聚伞花序，蓝色、蓝紫色、淡蓝色**；萼片5，卵形；花瓣5，倒卵形。蒴果近球形，草黄色③，开裂④。种子椭圆形，褐色⑤。花果期6~9月。

[生境分布]甘南各市县均有分布；生于海拔1600~3500 m的砾质山坡及河滩等处。

[价　　值]杂类草；种子可食用。

鲜黄小檗 *Berberis diaphana* 小檗科 小檗属

Reddrop Barberry；xiān huáng xiǎo bò；黄檗、黄花刺、三颗针

[植物形态]落叶灌木，高1～3m①②。幼枝绿色或紫红色，老枝灰色，具条棱和疣状凸起；茎刺三分叉，淡黄色③。叶长圆形或倒卵状长圆形，坚纸质，先端微钝，基部楔形，边缘具刺齿或全缘，上面暗绿色，侧脉和网脉凸起④，背面淡绿色，有时微被白粉；具短柄。花2～5，黄色，稀单生；萼片2轮，外萼片近卵形，内萼片椭圆形；花瓣卵状椭圆形，先端急尖。浆果红色，卵状长圆形，先端略斜弯⑤。花果7-9月。

[生境分布]甘南各市县均有分布；生于海拔2 000～3 600 m的高寒草甸、灌丛及林缘等处。

[价　　值]皮可入药；观赏植物。

杉叶藻 *Hippuris vulgaris* 杉叶藻科 杉叶藻属

Common Mare's Tail；shān yè zǎo

[植物形态]多年生草本，水生，高10～60cm①②，具根状茎。茎直立，不分枝，常带紫红色②。叶条形，4～12片轮生，不分裂，略弯曲或伸直②；花两性，稀单性，单生叶腋；萼全缘，常带紫色；无花盘；雄蕊1，略偏一侧生于子房上；花丝细，常短于花柱，花药红色，椭圆形。果卵状椭圆形。花果期6-10月。

[生境分布]碌曲、玛曲、夏河均有分布；生于海拔1 600～4 500 m的沼泽、水边及水滩地等处。

[价值]杂类草；全草入药。

狼毒 *Stellera chamaejasme* 瑞香科 狼毒属

Chinese Stellera；láng dú；断肠草、馒头花、燕子花

[植物形态]多年生草本，高20～50 cm①②；茎丛生，不分枝；茎下部鳞片状，呈卵状长圆形；叶互生①②③，茎生叶长圆形，无叶柄①；头状花序顶生，花被筒高脚蝶状，里面白色，外面紫红色，先端5裂，裂片卵形④。蒴果卵球形，上部或顶部被灰白色柔毛；种子扁球状，灰褐色。花果期6～9月。

[生境分布]除舟曲外甘南各市县均有分布；生于海拔2 400～3 600 m的高寒草甸及河谷阶地等处。

[价　　值]季节性毒草；根入药，浸提液可做杀虫剂；根、茎可造纸。

山莨菪 *Anisodus tanguticus* 茄科 山莨菪属

Common Anisodus；shān láng dàng；樟柳圣、唐古特莨菪、甘青赛莨菪

[植物形态]多年生草本，高40～80 cm①②，直立，具粗壮宿根；叶互生，叶片纸质或近坚纸质，卵形或长椭圆形至椭圆状披针形，边缘有时具有不规则的三角形齿①；花常单生于叶腋③，花萼钟状或漏斗状钟状，不等5浅裂，果期增大成杯状③，坚纸质，脉劲直；花冠紫色或暗紫色，有时浅黄绿色④⑤。蒴果球状或近卵状，种子肾圆形，具小疣状突起。花果期7～9月。

[生境分布]除舟曲外甘南各市县均有分布；生于海拔2 800～4 200 m的撂荒地、路旁及高寒草甸等处。

[价　　值]根可入药；季节性毒草。

问荆 *Equisetum arvense* 木贼科 木贼属

Field Horsetail；wèn jīng；马草、土麻黄、笔头草

[植物形态]多年生草本①②。根茎黑棕色，节和根密生黄棕色长毛或光滑无毛。地上茎直立，二型。**孢子茎春季先萌发，黄棕色**①，高5～35cm；鞘筒栗棕色或淡黄色，鞘齿9～12，狭三角形，鞘背仅上部有一浅纵沟，孢子散后能育枝枯萎。**营养茎后萌发，绿色**，高达40cm，轮生分枝多②，主枝中部以下有分枝；鞘筒狭长，绿色，鞘齿5～6，三角形，中间黑棕色，边缘膜质，淡棕色②，宿存。侧枝柔软纤细，扁平状，具3～4条背部有横纹的脊；鞘齿3～5，披针形，绿色，边缘膜质。**孢子囊穗顶生，圆柱形**，孢子叶六角形。

[生境分布]甘南各市县均有分布；生于海拔2200～3700m的高寒草甸、秃斑地、路旁及阴湿沟谷等处。

[价　　值]杂类草；全草入药。

单子麻黄 *Ephedra monosperma* 麻黄科 麻黄属

Oneseed Ephedra；dān zǐ má huáng；小麻黄

[植物形态]草本状矮小灌木，高5～15cm①；木质茎短小，多分枝，绿色小枝开展，常微弯曲，节间细短①。叶对生，膜质鞘状，下部1/3～1/2合生，裂片短三角形。雄球花生于小枝上下各部，单生枝顶或对生节上，多成复穗状。雌球花成熟时肉质红色，微被白粉，卵圆形或矩圆状卵圆形①②；种子1粒，三角状卵圆形或矩圆状卵圆形，无光泽②。花果期6-8月。

[生境分布]甘南各市县均有分布；生于海拔2500～4000m的高寒草甸、砾质山坡及石缝等处。

[价　　值]入药。

野葵 *Malva verticillata* 锦葵科 锦葵属

Cluster Mallow；yě kuí；葵菜

[植物形态]二年生草本，高50～100 cm①，茎直立，被星状长柔毛②。叶肾形或圆形，常为掌状5～7裂，裂片三角形，具钝尖头，边缘具钝齿，两面被极疏糙伏毛或近无毛③④；叶柄近无毛，上面槽内被绒毛④；托叶卵状披针形，被星状柔毛。花3至多朵簇生于叶腋②⑤；小苞片3，线状披针形，被纤毛；花萼杯状，5裂，广三角形，疏被星状长硬毛；花冠长于萼片，淡白色至淡红色，花瓣5⑤，先端凹入。果扁球形⑥；种子肾形，紫褐色。花果期7－10月。

[生境分布]除舟曲外甘南各市县均有分布；多生于海拔2 300～3 500 m的灌丛林缘、地埂及路旁等处。

[价　值]幼苗可作野菜；种子、根及叶入药。

泽漆 *Euphorbia helioscopia* 大戟科 大戟属

Sun Euphorbia；zé qī；五朵云，五灯草，五风草

[植物形态]一年生草本，高10～30 cm①。茎直立，具乳汁，单一或基部分枝，分枝斜升，光滑无毛，叶互生，倒卵形或匙形①②，先端具牙齿，中部以下渐狭或呈楔形②；茎顶端具5片轮叶状苞，与下部叶相似①；多歧聚伞花序，顶生②，具5条伞梗；总苞钟状，顶端4浅裂。蒴果，三棱状阔圆形②，具明显的三纵沟，成熟时分裂为3个分果爿。种子卵状，暗褐色，具凸显的网纹。花果期7－10月。

[生境分布]甘南各市县均有分布；生于海拔2 400～3 500 m的高寒草甸、秃斑地及路旁等处。

[价　值]全草入药；可作杀虫剂。

青海刺参 *Morina kokonorica* 川续断科 刺续断属

Qinghai Morina；qīng hǎi cì shēn；小花刺参

[植物形态]多年生草本，高20～70cm①；茎单1，稀2～3分枝，下部具沟槽，光滑，上部被绒毛，基部多有残存的褐色纤维状残叶。基生叶5～6，簇生，条状披针形，先端渐尖，基部渐狭成柄，边缘具深波状齿，齿裂片近三角形，裂至近中脉处，边缘具3～7硬刺，中脉明显，两面光滑；**茎生叶似基生叶，长披针形，常4叶轮生，向上渐小，基部抱茎①**。轮伞花序，顶生，6～8节，紧密穗状，花后各轮疏离①②，每轮有总苞片4；总苞片长卵形，边缘具黄色硬刺；小总苞钟状，藏于总苞内，网脉明显，具柄，边缘具10条以上的硬刺，通常有1～2条较长；**萼杯状，质硬，外面光滑，内面有柔毛，基部具髯毛，2深裂，每裂片再2或3裂，裂片披针形，先端常具刺尖②**；花冠二唇形。瘦果褐色，圆柱形。花果期7～10月。

[生境分布]碌曲、玛曲均有分布；生于海拔2800～4500m的高寒草甸及灌丛等处。

[价　　值]种子入药。

匍匐水柏枝 *Myricaria prostrata* 柽柳科 水柏枝属

Creeping Falsetamarisk；pú fú shuǐ bǎi zhī

[植物形态]匍匐灌木，高5～14cm①；老枝灰褐色或暗紫色，平滑，当年生枝纤细，红棕色②，枝上常生不定根。叶在当年生枝上密集，长圆形、狭椭圆形或卵形②，有狭膜质边。**总状花序圆球形**，侧生于去年生枝上，密集，花1～3，稀4；苞片卵形或椭圆形，先端钝，有狭膜质边；萼片卵状披针形或长圆形，有狭膜质边；**花瓣倒卵形或倒卵状长圆形，淡紫色至粉红色**。蒴果圆锥形，种子长圆形，顶端具芒柱，全部被白色长柔毛。花果期7～9月。

[生境分布]除迭部、舟曲外甘南各市县均有分布；生于海拔2800～3500m的沟谷溪边及河谷阶地等处。

[价　　值]入药。

羽叶点地梅 *Pomatosace filicula* 报春花科 羽叶点地梅属

Featherleaf Rockjasmine；yǔ yè diǎn dì méi

[**植物形态**]一年生草本，株高3～9 cm①。叶线状矩圆形，羽状深裂至近羽状全裂，裂片线形或窄三角状线形，两面沿中肋被白色疏长柔毛，全缘或具1～2牙齿；叶柄甚短或长达叶片的1/2，被疏长柔毛，近基部扩展，略呈鞘状②。花葶通常多枚自叶丛中生出，疏被长柔毛①：**伞形花序，花6（或3）～12**①；苞片线形，疏被柔毛：**花萼杯状或陀螺状**，外面无毛，分裂略超过全长的1/3，裂片三角形，锐尖，内面被微柔毛③；**花冠白色**，裂片矩圆状椭圆形，先端钝圆③。蒴果近球形。花果期7～9月。

[**生境分布**]碌曲、玛曲、夏河、合作均有分布；生于海拔2 800～4 800 m的高寒草甸及河谷阶地等处。

[**价　值**]杂类草；全草入药。

缬草 *Valeriana officinalis* 败酱科 缬草属

Garden Valerian；xié cǎo；香草、拔地麻、满坡香

[**植物形态**]多年生草本，高可达100～150 cm①。茎中空，具纵棱，被粗毛②，尤以节部为多。茎生叶卵形至宽卵形，羽状深裂，裂片7～11①；中央裂片与两侧裂片近同形同大小，有时与第1对侧裂片合生成3裂状，裂片披针形或条形，全缘或有疏锯齿，两面及柄轴多少被毛②。**聚伞圆锥花序，顶生**③；小苞片长椭圆状长圆形、倒披针形或条状披针形。**花冠淡紫红色或白色，裂片5**③，椭圆形。瘦果长卵形。花果期6～10月。

[**生境分布**]甘南各市县均有分布；生于海拔2 000～4 800 m的高寒草甸、灌丛及林缘等处。

[**价　值**]杂类草；根茎入药。

③

①

②

中文名索引
Index to Chinese Names

学名（拉丁名）索引
Index to Scientific Names

A

B

S

T

U

V

X

后记 Postscript

　　本书编写过程中参考了《中国植物志》《中国高等植物志》、Flora of China、中国数字植物标本馆（http://www.cvh.org.cn/cms）《中国常见植物野外识别手册——祁连山册》《甘肃植物志》《甘南草原植物图谱》及《草原监测常见牧草种类识别图册》。

　　本书中的植物中文名以《中国植物志》为准，学名参照Flora of China，英文名称参考《中国常见野外识别手册》。在本书的编写中，徐长林老师对植物的鉴定及生境分布、价值描述方面作了重要贡献，在此表示深深的谢意。本书的野外工作得到了甘肃省天然草地退牧还草工程科技支撑项目"甘南州高寒草甸黑土滩分布和生态修复研究"、中国农业科学院科技创新工程专项资金项目"寒生、旱生灌草新品种选育"（CAAS-ASTIP-2019-LIHPS-08）、中央级公益性科研院所基本科研业务费专项资金项目"河西走廊地区饲草贮存加工关键技术研究"（1610322017021）、青海省科技厅重点实验室发展专项"青海省青藏高原优良牧草种质资源利用重点实验室"（2020-ZJ-Y12）以及国家自然科学基金青年基金项目"SeXTH1在盐生植物盐角草组织肉质化形成中的功能研究"（31700338）的资助。在本书准备过程中还得到了单位领导和同事的热心帮助，尤其是野外采集标本和拍摄过程中给予我们帮助的司机、当地牧民和农户，在此一并感谢！